Apprendre

Eureka Math®
Niveau 4
Module 3

Great Minds PBC is the creator of Eureka Math®,
Wit & Wisdom®, Alexandria Plan™, and PhD Science™.

Published by Great Minds PBC. greatminds.org

Copyright © 2020 Great Minds PBC. All rights reserved. No part of this work may be reproduced or used in any form or by any means—graphic, electronic, or mechanical, including photocopying or information storage and retrieval systems—without written permission from the copyright holder.

ISBN 978-1-64929-088-5

1 2 3 4 5 6 7 8 9 10 XXX 25 24 23 22 21 20

Printed in the USA

Apprendre ♦ Pratiquer ♦ Réussir

La documentation pédagogique d'Eureka Math® pour A Story of Units® (K-5) est proposé dans le trio Apprendre, Pratiquer, Réussir. Cette série prend en charge la différenciation et la remédiation tout en gardant les documents pour les élèves organisés et accessibles. Les éducateurs constateront que la série Apprendre, Pratiquer, et Réussir propose également des ressources cohérentes—et donc plus efficaces—pour la réponse à l'intervention (RAI), la pratique supplémentaire et l'apprentissage pendant l'été.

Apprendre

Apprendre d'Eureka Math sert de compagnon de classe aux élèves, où ils montrent leurs réflexions, partagent ce qu'ils savent, et voient leurs connaissances s'enrichir chaque jour. *Apprendre* rassemble le travail quotidien en classe—Problèmes d'application, Tickets de sortie, Séries de problèmes, Modèles—dans un volume organisé et facilement navigable.

Pratiquer

Chaque leçon Eureka Math commence par une série d'activités de perfectionnement énergiques et joyeuses, y compris celles se trouvant dans Pratiquer d'Eureka Math. Les élèves qui maîtrisent déjà leurs savoirs en mathématiques peuvent acquérir une plus grande maîtrise pratique, encore plus approfondie. *Avec Pratiquer, les élèves acquièrent des compétences dans les savoirs nouvellement acquis et renforcent leurs apprentissages antérieurs en vue de la leçon suivante.*

Ensemble, *Apprendre* et *Pratiquer* fournissent tout le matériel imprimé que les élèves utiliseront pour leur enseignement fondamental des mathématiques.

Réussir

Réussir d'Eureka Math permet aux élèves de travailler individuellement vers leur maîtrise. Ces séries additionnelles de problèmes font correspondre chaque leçon à l'enseignement en classe, ce qui les rend idéaux comme devoirs ou entraînements supplémentaires. Chaque ensemble de problèmes est accompagné d'une Aide aux devoirs, un ensemble d'exemples concrets qui illustrent comment résoudre des problèmes similaires.

Les enseignants et les tuteurs peuvent utiliser les livres *Réussir* des niveaux précédents comme outils cohérents avec le programme pour combler des lacunes dans les connaissances fondamentales. Les élèves s'épanouiront et progresseront plus rapidement parce que les modèles familiers facilitent les connexions au contenu de leur niveau scolaire actuel.

Élèves, familles et éducateurs :

Merci de faire partie de la communauté *Eureka Math*®, qui célèbre la passion, l'émerveillement et le plaisir des mathématiques.

Dans la salle de classe *Eureka Math*, un nouveau type d'apprentissage est activé par la richesse des expériences et des dialogues. Le livre *Apprendre* met entre les mains de chaque élève les instructions et séquences de problèmes dont ils ont besoin pour exprimer et consolider leur apprentissage en classe.

Que contient le livre Apprendre ?

Problèmes d'application : La résolution de problèmes dans un contexte réel fait partie du quotidien d'Eureka Math. Les élèves renforcent leur confiance et leur persévérance lorsqu'ils appliquent leurs connaissances dans d'autres situations, nouvelles et variées. Le programme encourage les élèves à utiliser le processus LDE—Lire le problème, Dessiner pour donner un sens au problème et Écrire une équation et une solution. Les enseignants facilitent le partage des travaux entre les élèves qui se présentent mutuellement leurs stratégies de solution.

Séries de problèmes : Une série de problèmes soigneusement séquencée offre une opportunité en classe pour un travail indépendant, avec plusieurs points d'entrée pour la différenciation. Les enseignants peuvent utiliser le processus de Préparation et de Personnalisation pour sélectionner les problèmes « À faire » pour chaque élève. Certains élèves effectueront plus de problèmes que d'autres ; l'important est que tous les élèves disposent d'une durée de 10 minutes pour appliquer immédiatement ce qu'ils ont appris, avec un léger encadrement de leur enseignant.

Les élèves amènent avec eux la Série de problèmes jusqu'au point culminant de chaque leçon : le Compte rendu de l'élève. Ici, les élèves réfléchissent avec leurs camarades et leur enseignant, articulant et consolidant ce qu'ils se sont demandés, ce qu'ils ont remarqué et ce qui a été appris ce jour-là.

Tickets de sortie : Les élèves montrent à leur enseignant ce qu'ils savent grâce à leur travail sur le Ticket de sortie quotidien. Cette vérification de la compréhension fournit à l'enseignant des preuves précieuses en temps réel de l'efficacité de l'enseignement de ce jour-là, offrant un aperçu indispensable de la prochaine étape à suivre.

Modèles : Occasionnellement, le Problème d'application, la Série de problèmes ou toute autre activité de classe nécessite que les élèves aient leur propre copie d'une image, d'un modèle réutilisable ou d'un ensemble de données. Chacun de ces modèles est fourni avec la première leçon qui les exige.

Où puis-je en savoir plus sur les ressources Eureka Math ?

L'équipe de Great Minds® s'engage à aider les élèves, les familles et les éducateurs avec une bibliothèque de ressources en constante expansion, disponible sur le site eureka-math.org. Le site Web propose également des histoires de réussite inspirantes survenues dans la communauté *Eureka Math*. Partagez vos idées et vos réalisations avec d'autres utilisateurs en devenant un Champion *d'Eureka Math*.

Meilleurs vœux pour une année remplie de découvertes !

Jill Diniz
Directrice des mathématiques
Great Minds

Le processus Lis–Dessine–Écris

Le programme Eureka Math aide les élèves à résoudre leurs problèmes en utilisant un processus simple et reproductible, présenté par l'enseignant. Le processus Lis–Dessine–Écris (LDE) incite les élèves à

1. Lire le problème.
2. Dessiner et marquer.
3. Écrire une équation.
4. Écrire une phrase (énoncé).

Les éducateurs sont encouragés à consolider le processus en interposant des questions telles que

- Que vois-tu ?
- Peux-tu dessiner quelque chose ?
- Quelles conclusions peux-tu tirer de ton dessin ?

Plus les élèves utilisent cette approche systématique et ouverte pour raisonner sur leurs problèmes, plus ils intérioriseront le processus de pensée et l'appliqueront instinctivement au cours des années qui suivent.

Contenu

Module 3 : Multiplication et division à plusieurs chiffres

Sujet A : Problèmes de mots de comparaison multiplicatifs

Leçon 1 1

Leçon 2 7

Leçon 3 15

Sujet B : multiplication par 10, 100 et 1 000

Leçon 4 19

Leçon 5 27

Leçon 6 33

Sujet C : Multiplication de jusqu'à quatre chiffres par des nombres d'un chiffre

Leçon 7 41

Leçon 8 49

Leçon 9 57

Leçon 10 65

Leçon 11 71

Sujet D : Problèmes de mots de multiplication

Leçon 12 79

Leçon 13 83

Sujet E : Division des dizaines et des unités avec des restes successifs

Leçon 14 87

Leçon 15 93

Leçon 16 99

Leçon 17 107

Leçon 18 115

Leçon 19 121

Leçon 20 129

Leçon 21 135

Sujet F : Raisonner avec divisibilité

Leçon 22 143

Leçon 23 149

Leçon 24 155

Leçon 25 161

Sujet G : Division des milliers, des centaines, des dizaines et des unités

Leçon 26 165

Leçon 27 175

Leçon 28 183

Leçon 29 191

Leçon 30 199

Leçon 31 207

Leçon 32 213

Leçon 33 219

Sujet H : Multiplication des nombres à deux chiffres par des nombres à deux chiffres

Leçon 34 225

Leçon 35 231

Leçon 36 237

Leçon 37 243

Leçon 38 249

Nom _____ date _____

1. Déterminez le périmètre et l'aire des rectangles A et B.

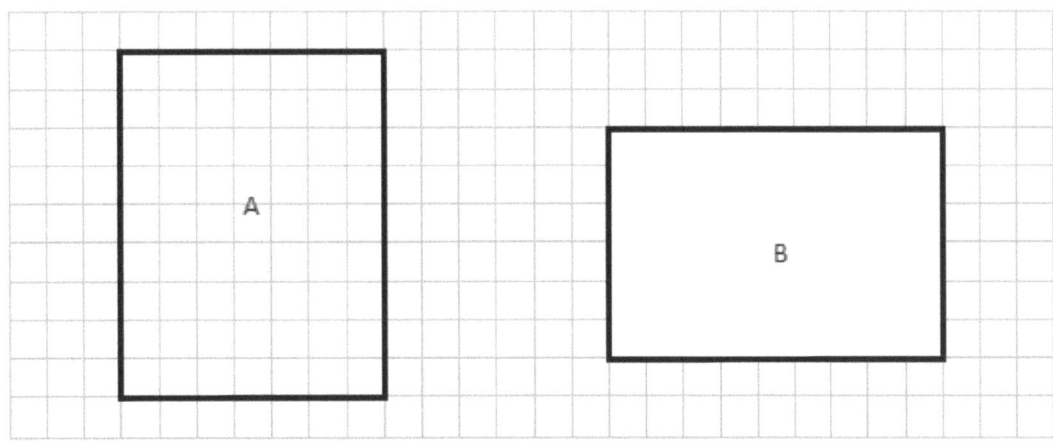

   a. A = _____   A = _____

   b. P = _____   P = _____

2. Déterminez le périmètre et l'aire de chaque rectangle.

   a.   6 cm   b.

     5 cm   P = _____   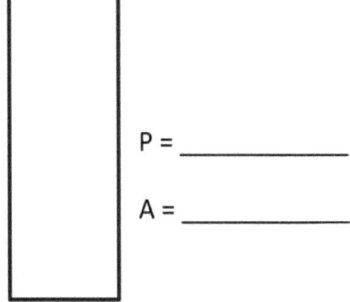 P = _____

                           A = _____   A = _____

Leçon 1 :   Examinez et utilisez les formules pour l'aire et le périmètre des rectangles.

3. Déterminez le périmètre de chaque rectangle.

   a.
   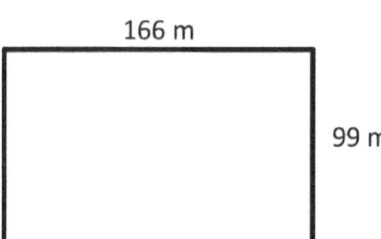

   P = _____

   b.

   1 m 50 cm

   75 cm

   P = _____

4. Étant donné l'aire du rectangle, trouvez la longueur du côté inconnue.

   a.
   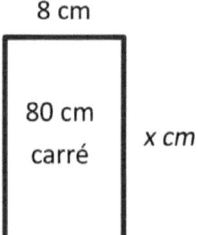

   X = _____

   b.

   7 cm

   49 cm carré   x cm

   X = _____

Leçon 1 : Examinez et utilisez les formules pour l'aire et le périmètre des rectangles.

5. Étant donné le périmètre du rectangle, trouvez la longueur du côté inconnue.
   a. P = 120 cm

   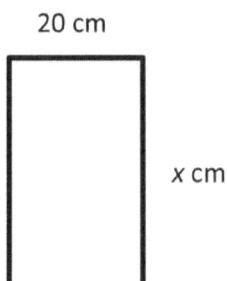

   20 cm
   x cm

   X = _____

   b. P = 1 000 m

   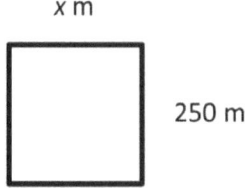

   x m
   250 m

   X = _____

6. Chacun des rectangles suivants a des longueurs de côté de nombre entier. Étant donné l'aire et le périmètre, trouvez la longueur et la largeur.
   a. P = 20 cm

   l = _____
   24 cm carré
   w = _____

   b. P = 28 m

   w = _____
   24 m carré
   l = _____

UNE HISTOIRE D'UNITÉS Leçon 1 Ticket de sortie 4•3

Nom _____   date _____

1. Déterminez l'aire et le périmètre du rectangle.

   8 cm

   2 cm

2. Déterminez le périmètre du rectangle.

   347 m

   99 m

Leçon 1 :   Examinez et utilisez les formules pour l'aire et le périmètre des rectangles.

Le père de Tommy lui apprend à faire des tables avec des tuiles. Tommy fait une petite table qui fait 91 centimètres de large et 1,22 mètres de long. De combien de tuiles carrées a-t-il besoin pour couvrir le dessus de la table ? De combien de pieds de bordure décorative son père aura-t-il besoin pour couvrir les bords de la table ?

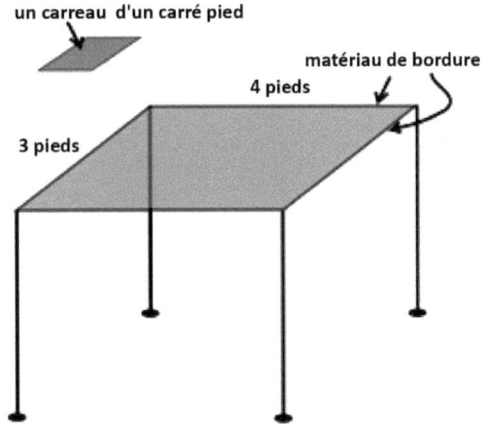

Extension : Le père de Tommy fait une table de 1,83 mètres de large et 2,44 mètres de long. Lorsque les deux tables sont placées ensemble, quelle sera leur surface combinée ?

Lis   **Dessine**   **Écris**

Nom _____ date _____

1. Un porche rectangulaire mesure 1,22 mètres de large. Elle est 3 fois plus longue que large.

   a. Marquez le diagramme avec les dimensions du porche.

   b. Trouvez le périmètre du porche.

2. Une bannière rectangulaire étroite mesure 1,52 mètres de large. Elle est 6 fois plus longue que large.

   a. Dessinez un diagramme de la bannière et marquez ses dimensions.

   b. Trouvez le périmètre et l'aire de la bannière.

Leçon 2 : Résolvez les problèmes de mots de comparaison multiplicatifs en appliquant les formules d'aire et de périmètre.

3. L'aire d'un rectangle est de 42 centimètres carrés. Sa longueur est de 7 centimètres.

   a. Quelle est la largeur du rectangle ?

   b. Charlie veut dessiner un deuxième rectangle de la même longueur mais 3 fois plus large. Dessinez et marquez le deuxième rectangle de Charlie.

   c. Quel est le périmètre du deuxième rectangle de Charlie ?

4. La superficie du bac à sable rectangulaire de Betsy est de 6,10 mètres carrés. Le côté le plus long mesure 1,52 mètres. Le bac à sable du parc est deux fois plus long et deux fois plus large que celui de Betsy.

   a. Dessinez et marquez un diagramme du bac à sable de Betsy. Quel est son périmètre ?

   b. Dessinez et marquez un diagramme du bac à sable du parc. Quel est son périmètre ?

   c. Quelle est la relation entre les deux périmètres ?

   d. Trouvez l'aire du bac à sable du parc en utilisant la formule A = l × w.

e. Le bac à sable du parc a une superficie qui est combien de fois celle du bac à sable de Betsy ?

f. Comparez la façon dont le périmètre a changé avec la façon dont l'aire a changé entre les deux bacs à sable. Expliquez ce que vous remarquez en utilisant des mots, des images ou des nombres.

UNE HISTOIRE D'UNITÉS

Leçon 2 Ticket de sortie 4•3

Nom _____   date _____

1. Une table mesure 61 centimètres de large. Elle est 6 fois plus longue que large.

   a. Marquez le diagramme avec les dimensions du tableau.

   b. Trouvez le périmètre de la table.

2. Une couverture mesure 1,22 mètres de large. Elle est 3 fois plus longue que large.

   a. Dessinez un diagramme de la couverture et marquez ses dimensions.

   b. Trouvez le périmètre et l'aire de la couverture.

Leçon 2 : Résolvez les problèmes de mots de comparaison multiplicatifs en appliquant les formules d'aire et de périmètre.

Nom _____   date _____

Résolvez les problèmes suivants. Utilisez des images, des chiffres ou des mots pour montrer votre travail.

1. L'écran de projection rectangulaire de l'auditorium de l'école est 5 fois plus long et 5 fois plus large que l'écran rectangulaire de la bibliothèque. L'écran de la bibliothèque mesure 1,22 mètres de long avec un périmètre de 4,27 mètres. Quel est le périmètre de l'écran dans l'auditorium ?

2. La largeur de la tente rectangulaire de David est de 1,52 mètres. La longueur est le double de la largeur. Le matelas pneumatique rectangulaire de David mesure 91 centimètres par 1,83 mètres. Si David met le matelas pneumatique dans la tente, combien de mètres carrés de l'espace au sol sera disponible pour le reste de ses affaires ?

Leçon 3 : Démontrez la compréhension des formules d'aire et de périmètre en résolvant problèmes du monde réel en plusieurs étapes.

Copyright © Great Minds PBC

3. La chambre rectangulaire de Jackson a une superficie de 27,43 mètres carrés. La superficie de sa chambre est 9 fois celle de son placard rectangulaire. Si le placard mesure 61 centimètres de large, quelle est sa longueur ?

4. La longueur d'une terrasse rectangulaire est 4 fois sa largeur. Si le périmètre du pont est de 9,14 mètres, quelle est l'aire du pont ?

UNE HISTOIRE D'UNITÉS

Leçon 3 Ticket de sortie   4•3

Nom _____   date _____

Résolvez le problème suivant. Utilisez des images, des chiffres ou des mots pour montrer votre travail.

Une affiche rectangulaire est 3 fois plus longue que large. Une bannière rectangulaire est 5 fois plus longue que large. La bannière et l'affiche ont des périmètres de 61 centimètres. Quelles sont les longueurs et largeurs de l'affiche et de la bannière ?

Leçon 3 :   Démontrez la compréhension des formules d'aire et de périmètre en résolvant problèmes du monde réel en plusieurs étapes.

UNE HISTOIRE D'UNITÉS Leçon 4 Problème d'application 4•3

Samantha reçoit 3 € d'argent de poche chaque semaine. En gardant des enfants, elle a gagné 27 € de plus chaque semaine. Combien d'argent Samantha a-t-elle gagné en quatre semaines, en comptant son argent de poche et son baby-sitting?

_____
_____
_____
_____

Lis   Dessine   Écris

Leçon 4 : Interpréter et représenter des motifs lors de la multiplication par 10, 100 et 1000 en tableaux et numériquement.

UNE HISTOIRE D'UNITÉS Leçon 4 Série de problèmes 4•3

Nom _____   Date _____

Exemple :

5 × 10 = __50__

5 unités × 10 = __5__ dizaines

milliers	centaines	dizaines	unités
			●●●●●
		○○○○○	

Dessinez des disques de valeur de position et des flèches comme indiqué pour représenter chaque produit.

1. 5 × 100 = _____

   5 × 10 × 10 = _____

   5 unités × 100 = _____

milliers	centaines	dizaines	unités

2. 5 × 1 000 = _____

   5 × 10 × 10 × 10 = _____

   5 unités × 1 000 = _____

milliers	centaines	dizaines	unités

3. Remplissez les blancs dans les équations suivantes.

   a. 6 × 10 = _____

   b. _____ × 6 = 600

   c. 6 000 = _____ × 1 000

   d. 10 × 4 = _____

   e. 4 × _____ = 400

   f. _____ × 4 = 4.000

   g. 1 000 × 9 = _____

   h. _____ = 10 × 9

   i. 900 = _____ × 100

Leçon 4 : Interpréter et représenter des motifs lors de la multiplication par 10, 100 et 1000 en tableaux et numériquement.

21

Dessinez des disques de valeur de position et des flèches pour représenter chaque produit.

4. 12 × 10 = _____

   (1 dizaine 2 unités) × 10 = _____

milliers	centaines	dizaines	unités

5. 18 × 100 = _____

   18 × 10 × 10 = _____

   (1 dizaine 8 unités) × 100 = _____

milliers	centaines	dizaines	unités

6. 25 × 1 000 = _____

   25 × 10 × 10 × 10 = _____

   (2 dizaines 5 unités) × 1 000 = _____

dizaines de milliers	milliers	centaines	dizaines	unités

Décomposez chaque multiple de 10, 100 ou 1 000 avant de multiplier.

7. 3 × 40 = 3 × 4 × _____

   = 12 × _____

   = _____

8. 3 × 200 = 3 × _____ × _____

   = _____ × _____

   = _____

9. 4 × 4.000 = _____ × _____ × _____

   = _____ × _____

   = _____

10. 5 × 4.000 = × _____ × _____

    = _____ × _____

    = _____

Nom _____ Date _____

Remplissez les blancs dans les équations suivantes.

a. $5 \times 10 =$ _____

b. _____ $\times 5 = 500$

c. $5.000 =$ _____ $\times 1000$

d. $10 \times 2 =$ _____

e. _____ $\times 20 = 2\,000$

f. $2\,000 = 10 \times$ _____

g. $100 \times 18 =$ _____

h. _____ $= 10 \times 32$

i. $4\,800 =$ _____ $\times 100$

j. $60 \times 4 =$ _____

k. $5 \times 600 =$ _____

l. $8.000 \times 5 =$ _____

Leçon 4 : Interpréter et représenter des motifs lors de la multiplication par 10, 100 et 1000 en tableaux et numériquement.

milliers	centaines	dizaines	unités

tableau des milliers de valeurs

Leçon 4 : Interpréter et représenter des motifs lors de la multiplication par 10, 100 et 1000 en tableaux et numériquement.

UNE HISTOIRE D'UNITÉS — Leçon 5 Série de problèmes 4•3

Nom _____   Date _____

Dessinez des disques de valeur de position pour représenter la valeur des expressions suivantes.

1. 2 × 3 = ____

   2 fois ____ unités égale ____ dizaines.

milliers	centaines	dizaines	unités

   ```
        3
   ×    2
   ```

2. 2 × 30 = ____

   2 fois ____ dizaines égale _____.

milliers	centaines	dizaines	unités

   ```
       30
   ×    2
   ```

3. 2 × 300 = ____

   2 fois ____ égale _____.

milliers	centaines	dizaines	unités

   ```
      300
   ×    2
   ```

4. 2 × 3.000 = ____

   ____ fois _____ égale _____.

milliers	centaines	dizaines	unités

   ```
    3,000
   ×    2
   ```

Leçon 5 : Multipliez les multiples de 10, 100 et 1000 par un seul chiffre, en reconnaissant motifs.

Copyright © Great Minds PBC

27

5. Trouvez le produit.

a. 20 × 7	b. 3 × 60	c. 3 × 400	d. 2 × 800
e. 7 × 30	f. 60 × 6	g. 400 × 4	h. 4 × 8 000
i. 5 × 30	j. 5 × 60	k. 5 × 400	l. 8.000 × 5

6. Brianna achète 3 sachets de ballons pour une fête. Chaque sachet contient 60 ballons. Combien de ballons possède Brianna ?

7. Jordan a vingt fois plus de cartes de baseball que son frère. Son frère a 9 cartes. Combien de cartes Jordan a-t-il ?

8. L'aquarium a 30 fois plus de poissons que celui de Jacob. L'aquarium a 90 poissons. Combien de poissons Jacob a-t-il ?

UNE HISTOIRE D'UNITÉS   Leçon 5 Ticket de sortie   4•3

Nom _____   date _____

Dessinez des disques de valeur de position pour représenter la valeur des expressions suivantes.

1. 4 × 200 = _____

   4 fois _____ égale _____.

milliers	centaines	dizaines	unités

   200
   $\times 4$

2. 4 × 2 000 = _____

   _____ fois _____ égale _____.

milliers	centaines	dizaines	unités

   $2,000$
   $\times 4$

3. Trouvez le produit.

a. 30 × 3	b. 8 × 20	c. 6 × 400	d. 2 × 900
e. 8 × 80	f. 30 × 4	g. 500 × 6	h. 8 × 5.000

4. Bonnie a travaillé 7 heures par jour pendant 30 jours. Combien d'heures a-t-elle travaillé au total ?

Leçon 5 : Multipliez les multiples de 10, 100 et 1000 par un seul chiffre, en reconnaissant motifs.

Copyright © Great Minds PBC

Leçon 6 Problème d'application 4•3

L'école primaire Park Elementary School compte 400 enfants. Le lycée Park High School compte 4 fois plus d'élèves.

a. Combien d'élèves au total fréquentent les deux écoles ?

b. Le lycée Lane High School compte 5 fois plus d'élèves que l'école primaire Park Elementary. Combien d'élèves de plus y a-t-il au lycée Lane High School qu'au lycée Park High School ?

Lis   Dessine   Écris

Leçon 6 : Multipliez les multiples à deux chiffres de 10 par des multiples à deux chiffres de 10 avec le modèle d'aire.

UNE HISTOIRE D'UNITÉS   Leçon 6 Série de problèmes 4•3

Nom _____   Date _____

Représentez le problème suivant en dessinant des disques dans le graphique des valeurs de position.

1. Pour résoudre 20 × 40, imaginez

    (2 dizaines × 4) × 10 = _____

    20 × (4 × 10) = _____

    20 × 40 = _____

centaines	dizaines	unités

2. Dessinez un modèle d'aire pour représenter 20 × 40.

    2 dizaines × 4 dizaines = ____ _____

3. Dessinez un modèle d'aire pour représenter 30 × 40.

    3 dizaines × 4 dizaines = ____ _____

    30 × 40 = _____

Leçon 6 : Multipliez les multiples à deux chiffres de 10 par des multiples à deux chiffres de 10 avec le modèle d'aire.

UNE HISTOIRE D'UNITÉS **Leçon 6 Série de problèmes** 4•3

4. Dessinez un modèle d'aire pour représenter 20 × 50.

   2 dizaines × 5 dizaines = ____ _____

   20 × 50 = _____

Réécrivez chaque équation sous forme d'unité et résolvez.

5. 20 × 20 = _____

   2 dizaines × 2 dizaines = ____ centaines

6. 60 × 20 = _____

   6 dizaines × 2 _____ = ____ centaines

7. 70 × 20 = _____

   ____ dizaines × ____ dizaines = 14 _____

8. 70 × 30 = _____

   ____ _____ × ____ _____ = ____ centaines

Leçon 6 : Multipliez les multiples à deux chiffres de 10 par des multiples à deux chiffres de 10 avec le modèle d'aire.

9. S'il y a 40 sièges par rangée, combien de sièges sont répartis sur 90 rangées ?

10. Un billet pour le concert coûte 45 €. Combien d'argent a été collecté si 80 billets sont vendus ?

Nom _____ Date _____

Représentez le problème suivant en dessinant des disques dans le graphique des valeurs de position.

1. Pour résoudre 20 × 30, pensez

   (2 dizaines × 3) × 10 = _____

   20 × (3 × 10) = _____

   20 × 30 = _____

centaines	dizaines	unités

2. Dessinez un modèle d'aire pour représenter 20 × 30.

   2 dizaines × 3 dizaines = ____ _____

3. Chaque soir, Eloise lit 40 pages. Combien de pages au total a-t-elle lu pendant les 30 jours de novembre ?

Leçon 6 : Multipliez les multiples à deux chiffres de 10 par des multiples à deux chiffres de 10 avec le modèle d'aire.

L'équipe de basket-ball vend des t-shirts pour 9 $ chacun. Lundi, ils ont vendu 4 T-shirts. Mardi, ils ont vendu 5 fois plus de T-shirts que lundi. Combien d'argent l'équipe a-t-elle gagné au total lundi et mardi?

_____

_____

_____

_____

Lis   Dessine   Écris

Leçon 7 : Utilisez des disques de valeur de position pour représenter une multiplication à deux chiffres par un chiffre.

UNE HISTOIRE D'UNITÉS

Leçon 7 Série de problèmes 4•3

Nom _____ date _____

1. Représentez les expressions suivantes avec des disques, en les regroupant si nécessaire, en écrivant une expression correspondante et en enregistrant les produits partiels verticalement comme indiqué ci-dessous.

   a. 1 × 43

dizaines	unités
• • • •	• • •

   ```
         4  3
     ×      1
     ───────
            3   → 1 × 3 unités
     +   4  0   → 1 × 4 dizaines
     ───────
         4  3
   ```

   b. 2 × 43

dizaines	unités

   c. 3 × 43

centaines	dizaines	unités

Leçon 7 : Utilisez des disques de valeur de position pour représenter une multiplication à deux chiffres par un chiffre.

UNE HISTOIRE D'UNITÉS — Leçon 7 Série de problèmes 4•3

d. 4 × 43

centaines	dizaines	unités

2. Représentez les expressions suivantes avec des disques, en les regroupant si nécessaire. À droite, enregistrez les produits partiels verticalement.

a. 2 × 36

centaines	dizaines	unités

b. 3 × 61

centaines	dizaines	unités

c. 4 × 84

centaines	dizaines	unités

Leçon 7 : Utilisez des disques de valeur de position pour représenter une multiplication à deux chiffres par un chiffre.

UNE HISTOIRE D'UNITÉS

Leçon 7 Ticket de sortie 4•3

Nom _____ date _____

Représentez les expressions suivantes avec des disques, en les regroupant si nécessaire. À droite, enregistrez les produits partiels verticalement.

1. 6 × 41

centaines	dizaines	unités

2. 7 × 31

centaines	dizaines	unités

Leçon 7 : Utilisez des disques de valeur de position pour représenter une multiplication à deux chiffres par un chiffre.

dizaines de milliers	milliers	centaines	dizaines	unités

tableau de valeur de dix mille

UNE HISTOIRE D'UNITÉS

Leçon 8 Problème d'application 4•3

Andre achète un timbre pour poster une lettre. Le timbre coûte 46 cents. Andre envoie également un colis. Les frais de port pour envoyer le colis coûtent 5 fois plus que le coût du timbre. Combien cela coûte-t-il d'envoyer le colis et la lettre?

_____

_____

_____

_____

Lis **Dessine** **Écris**

Leçon 8 : Étendre l'utilisation des disques de valeur de position pour représenter les trois et quatre chiffres par multiplication à un chiffre.

Nom _____ date _____

1. Représentez les expressions suivantes avec des disques, en les regroupant si nécessaire, en écrivant une expression correspondante et en enregistrant les produits partiels verticalement comme indiqué ci-dessous.

   a. 1 × 213

centaines	dizaines	unités

   ```
       2   1   3
   ×           1
   ─────────────
                    → 1 × 3 unités
                    → 1 × 1 dizaines
   +                → 1 × 2 centaines
   ─────────────
   ```

   1 × ___ centaines + 1 × ___ dizaines + 1 × ___ unités

   b. 2 × 213

centaines	dizaines	unités

   c. 3 × 214

centaines	dizaines	unités

Leçon 8 : Étendre l'utilisation des disques de valeur de position pour représenter les trois et quatre chiffres par multiplication à un chiffre.

UNE HISTOIRE D'UNITÉS

Leçon 8 Série de problèmes 4•3

d. 3 × 1254

milliers	centaines	dizaines	unités

2. Représentez les expressions suivantes avec des disques, en utilisant l'une des méthodes indiquées pendant la classe, en les regroupant si nécessaire. À droite, enregistrez les produits partiels verticalement.

   a. 3 × 212

   b. 2 × 4,036

Leçon 8 : Étendre l'utilisation des disques de valeur de position pour représenter les trois et quatre chiffres par multiplication à un chiffre.

c. 3 × 2 546

d. 3 × 1,407

3. Chaque jour à l'usine de bagels, Cyndi fabrique 5 différents types de bagels. Si elle en fait 144 de chaque type, quel est le nombre total de bagels qu'elle fabrique?

Nom _____ date _____

Représentez les expressions suivantes avec des disques, en les regroupant si nécessaire. À droite, enregistrez les produits partiels verticalement.

1. 4 × 513

2. 3 × 1 054

Leçon 8 : Étendre l'utilisation des disques de valeur de position pour représenter les trois et quatre chiffres par multiplication à un chiffre.

Calculez la quantité totale de lait dans trois cartons si chaque carton contient 236 ml de lait.

Lis   Dessine   Écris

UNE HISTOIRE D'UNITÉS　　　　　**Leçon 9 Problème d'application**　　4•3

Nom _____　　date _____

1. Résolvez en utilisant chaque méthode.

Produits partiels	Algorithme standard
a.　　　3　4　　× 　　4	3　4　　× 　　4

Produits partiels	Algorithme standard
b.　　2　2　4　　×　　　3	2　2　4　　×　　　3

2. Résolvez. Utilisez l'algorithme standard.

a.　　2　5　1　　×　　　3	b.　　1　3　5　　×　　　6	c.　　3　0　4　　×　　　9
d.　　4　0　5　　×　　　4	e.　　3　1　6　　×　　　5	f.　　3　9　2　　×　　　6

Leçon 9 : Multipliez les nombres à trois et quatre chiffres par des nombres à un chiffre appliquer l'algorithme standard.

UNE HISTOIRE D'UNITÉS   **Leçon 9 Problème d'application** 4•3

3. Le produit de 7 et 86 est _____.

4. 9 fois 457 _____.

5. Jashawn veut fabriquer 5 hélices d'avion.
   Il a besoin de 18 centimètres de bois pour chaque hélice.
   Combien de centimètres de bois utilisera-t-il?

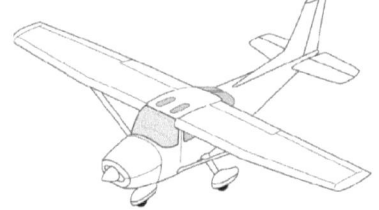

Leçon 9 : Multipliez les nombres à trois et quatre chiffres par des nombres à un chiffre appliquer l'algorithme standard.

6. Un système de jeu coûte 238 $. Combien coûteront 4 systèmes de jeu?

7. Un petit sac de chips pèse 48 grammes. Un grand sac de chips pèse trois fois plus que le petit sac. Combien pèseront 7 grands sacs de chips?

UNE HISTOIRE D'UNITÉS　　　　　　　　　　　　Leçon 9 Ticket de sortie　4•3

Nom _____　　date _____

1. Résolvez en utilisant l'algorithme standard.

a.	b.
⠀⠀⠀⠀6　0　8 × ⠀⠀⠀⠀⠀9	⠀⠀⠀⠀5　7　4 × ⠀⠀⠀⠀⠀7

2. Morgan a 23 ans. Son grand-père est 4 fois plus âgé. Quel âge a son grand-père?

La directrice veut acheter 8 crayons pour chaque élève de son école. S'il y a 859 élèves, combien de crayons le directeur doit-il acheter?

_____

_____

_____

Lis   Dessine   Écris

Leçon 10 : Multipliez les nombres à trois et quatre chiffres par des nombres à un chiffre appliquer l'algorithme standard.

Nom _____ date _____

1. Résolvez en utilisant l'algorithme standard.

a. 3 × 42	b. 6 × 42
c. 6 × 431	d. 3 × 431
e. 3 × 6 212	f. 3 × 3,106
g. 4 × 4,309	h. 4 × 8 618

Leçon 10 : Multipliez les nombres à trois et quatre chiffres par des nombres à un chiffre appliquer l'algorithme standard.

2. Il y a 365 jours dans une année commune. Combien de jours sont en 3 années communes?

3. La longueur d'un côté d'un bloc carré de la ville est de 462 mètres. Quel est le périmètre du bloc?

4. Jake a couru 2 miles. Jesse a couru 4 fois plus loin. Il y a 5280 pieds dans un mile. Combien de pieds Jesse a-t-il couru?

Nom _____   date _____

1. Résolvez en utilisant l'algorithme standard.

a. 2,348 × 6	b. 1 679 × 7

2. Un fermier a planté 4 rangées de tournesols. Il y avait 1 205 plantes dans chaque rangée. Combien de tournesols a-t-il planté ?

Leçon 10 : Multipliez les nombres à trois et quatre chiffres par des nombres à un chiffre appliquer l'algorithme standard.

Écrivez une équation pour l'aire de chaque rectangle. Ensuite, trouvez la somme des deux aires.

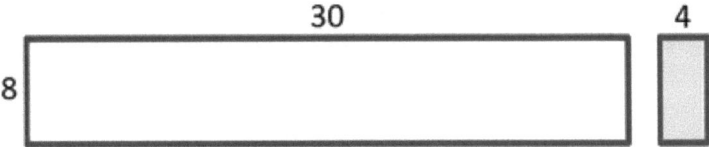

Extension: Trouvez une méthode plus rapide pour trouver l'aire des rectangles combinés.

Lis   Dessine   Écris

UNE HISTOIRE D'UNITÉS   Leçon 11 Problème d'application   4•3

Nom _____   date _____

1. Résolvez les expressions suivantes en utilisant l'algorithme standard, la méthode des produits partiels et le modèle d'aire.

a. 4 2 5 × 4

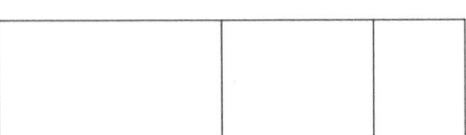

4 (400 + 20 + 5)

(4 × ____) + (4 × ____) + (4 × ____)

b. 5 3 4 × 7

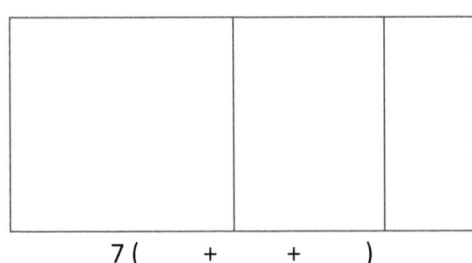

7 (____ + ____ + ____)

(__ × ____) + (__ × ____) + (__ × ____)

c. 2 0 9 × 8

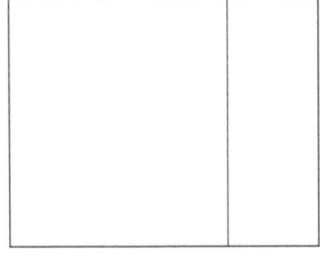

____ (____ + ____)

(__ × ____) + (__ × ____)

Leçon 11 : Connectez le modèle d'aire et la méthode des produits partiels au algorithme standard.

2. Résolvez en utilisant la méthode des produits partiels.

   L'école de Cayla compte 258 élèves. L'école de Janet compte 3 fois plus d'élèves que celle de Cayla. Combien d'élèves fréquentent l'école de Janet?

3. Modélisez avec un diagramme à bande et résolvez.

   4 fois plus que 467

Résolvez en utilisant l'algorithme standard, le modèle d'aire, la propriété distributive ou la méthode des produits partiels.

4. 5 131 × 7

5. 3 fois plus que 2805

6. Un restaurant vend 1 725 livres de spaghettis et 925 livres de linguini chaque mois. Après 9 mois, combien de livres de pâtes le restaurant vend-il?

Nom _____   date _____

1. Résolvez en utilisant l'algorithme standard, le modèle d'aire, la propriété distributive ou la méthode des produits partiels.

   2,809 × 4

2. Le journal mensuel de l'école fait 9 pages. Mme Smith doit imprimer 675 exemplaires. Quel sera le nombre total de pages imprimées?

Leçon 11 : Connectez le modèle d'aire et la méthode des produits partiels au algorithme standard.

Nom _____ Date _____

Utilise le processus LDE pour résoudre les problèmes suivants.

1. Le tableau montre le coût des cadeaux de fête. Chaque invité reçoit un sac avec 1 ballon, 1 sucette et 1 bracelet. Quel est le coût total pour 9 personnes ?

Article	Coût
1 ballon	26 ¢
1 sucette	14 ¢
1 bracelet	33 ¢

2. La famille Turner utilise 548 litres d'eau par jour. La famille Hill utilise 3 fois plus d'eau par jour. Quelle quantité d'eau la famille Hill utilise-t-elle par semaine ?

3. Jayden a 347 billes. Elvis en a 4 fois plus que Jayden. Presley en a 799 de moins qu'Elvis. Combien de billes possède Presley ?

Leçon 12 : Résoudre les problèmes de mots en deux étapes, y compris la comparaison multiplicative.

4. a. Écrivez une équation qui permettrait à quelqu'un de trouver la valeur de R.

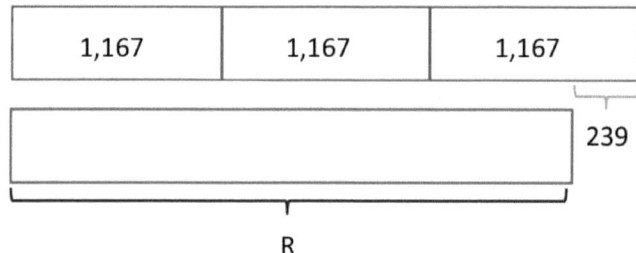

b. Écrivez votre propre problème de mots pour qu'il corresponde au diagramme, puis résolvez.

Nom _____ Date _____

Utilisez le processus LDE pour résoudre le problème suivant.

Jennifer a 256 perles. Stella a 3 fois plus de perles que Jennifer. Tiah a 104 perles de plus que Stella. Combien de perles possède Tiah ?

Leçon 12 : Résoudre les problèmes de mots en deux étapes, y compris la comparaison multiplicative.

Nom _____ Date _____

Résolvez en utilisant le processus LDE. LDE

1. Au cours de l'été, Kate a gagné 160 € par semaine pendant 7 semaines. De cet argent, elle a dépensé 335 € pour un nouvel ordinateur et 122 € pour de nouveaux vêtements. Combien d'argent lui restait-il ?

2. Sylvia pesait 3 kilogrammes à sa naissance. À son premier anniversaire, son poids avait triplé. À son deuxième anniversaire, elle avait gagné 5 kilogrammes de plus. À cette époque, le père de Sylvia pesait 5 fois plus qu'elle. Quel était le poids combiné de Sylvia et de son père ?

3. Trois boîtes pesant chacune 58 kilogrammes et une boîte pesant 115 kilogrammes ont été chargées à l'arrière d'un camion vide. Une caisse de pommes a ensuite été chargée dans le même camion. Si le poids total chargé dans le camion était de 907 kilogrammes, combien pesait la caisse de pommes ?

4. En un mois, Charlie a lu 814 pages. Au cours du même mois, sa mère a lu 4 fois plus de pages que Charlie, et c'était 143 pages de plus que ce que le père de Charlie avait lu. Quel était le nombre total de pages lues par Charlie et ses parents ?

UNE HISTOIRE D'UNITÉS   Leçon 13 Ticket de sortie   4•3

Nom _____ Date _____

Résolvez en utilisant le processus LDE. LDE

1. Michael gagne 8 € de l'heure. Il travaille 28 heures par semaine. Combien gagne-t-il en 6 semaines ?

2. David gagne 7 € de l'heure. Il travaille 40 heures par semaine. Combien gagne-t-il en 6 semaines ?

3. Après 6 semaines, qui a gagné le plus d'argent ? Combien d'argent a-t-il (ou elle) gagné de plus ?

Leçon 13 :   Utiliser la multiplication, l'addition ou la soustraction pour résoudre des problèmes de mots en plusieurs étapes.

UNE HISTOIRE D'UNITÉS **Leçon 14 Problème d'application** 4•3

Tyler a planté des pommes de terre, de l'avoine et du maïs. Il a planté 9 hectares de pommes de terre. Il a planté 3 fois plus d'hectares d'avoine que de pommes de terre, et il a planté 4 fois plus d'hectares de maïs que d'avoine. Combien d'hectares Tyler a-t-il plantés de pommes de terre, d'avoine et de maïs en tout ?

_____

_____

_____

Lis   Dessine   Écris

Leçon 14 : Résolvez les problèmes de mots de division avec les restes.

Nom _____ date _____

Utilisez le processus RDW pour résoudre les problèmes suivants.

1. Il y a 19 chaussettes identiques. Combien de paires de chaussettes y a-t-il ? Y aura-t-il des chaussettes qui ne sont pas identiques ? Si oui, combien ?

2. S'il faut 20 centimètres de ruban pour faire un arc, combien d'arcs peuvent être faits à partir de 91 centimètres de ruban ? Restera-t-il du ruban ? Si oui, combien ?

3. La bibliothèque a 27 chaises et 5 tables. Si le même nombre de chaises est placé à chaque table, combien de chaises peuvent être placées à chaque table ? Y aura-t-il des chaises supplémentaires ? Si oui, combien ?

Leçon 14 : Résolvez les problèmes de mots de division avec les restes.

4. Le boulanger a 42 kilogrammes de farine. Il utilise 8 kilogrammes chaque jour. Après combien de jours devra-t-il acheter plus de farine ?

5. Caleb a 76 pommes. Il veut faire cuire autant de tartes que possible. S'il faut 8 pommes pour faire chaque tarte, combien de pommes utilisera-t-il ? Combien de pommes ne seront pas utilisées ?

6. Quarante-cinq personnes vont à la plage. Sept personnes peuvent monter dans chaque camionnette. Combien de camionnettes seront nécessaires pour amener tout le monde à la plage ?

Nom _____ date _____

Utilisez le processus RDW pour résoudre le problème suivant.

Cinquante-trois élèves partent en excursion. Les élèves sont répartis en groupes de 6. Combien de groupes de 6 élèves y aura-t-il ? Si les élèves restants forment un groupe plus petit et qu'un chaperon est affecté à chaque groupe, combien de chaperons au total sont nécessaires ?

Leçon 15 Problème d'application 4•3

Chandra a imprimé 38 photos à mettre dans son album. Si elle peut mettre 4 photos sur chaque page, combien de pages utilisera-t-elle pour ses photos ?

Lis   Dessine   Écris

Leçon 15 : Comprendre et résoudre les problèmes de division avec un reste en utilisant les modèles d'aire et de matrice.

UNE HISTOIRE D'UNITÉS   Leçon 15 Série de problèmes   4•3

Nom _____   date _____

Afficher la division à l'aide d'un tableau.	Afficher la division à l'aide d'un modèle d'aire.
1. 18 ÷ 6 Quotient = _____ Reste = _____	Pouvez-vous montrer 18 ÷ 6 avec un rectangle ? _____
2. 19 ÷ 6 Quotient = _____ Reste = _____	Pouvez-vous montrer 19 ÷ 6 avec un rectangle ? _____ Expliquez comment vous avez montré le reste :

Leçon 15 : Comprendre et résoudre les problèmes de division avec un reste en utilisant les modèles d'aire et de matrice.

Résolvez à l'aide d'un tableau et d'un modèle d'aire. Le premier a été fait pour toi.

Exemple : 25 ÷ 2

a. ● ● ● ● ● ● ● ● ● ● ● ●
   ● ● ● ● ● ● ● ● ● ● ● ● ●
   Quotient = 12   Reste = 1

b. [schéma : rectangle de longueur 12 et largeur 2]

3. 29 ÷ 3

   a.

   b.

4. 22 ÷ 5

   a.

   b.

5. 43 ÷ 4

   a.

   b.

6. 59 ÷ 7

   a.

   b.

Nom _____ date _____

Résolvez à l'aide d'un modèle de tableau et d'aire.

1. 27 ÷ 5

   a.   b.

2. 32 ÷ 6

   a.   b.

UNE HISTOIRE D'UNITÉS | Leçon 16 Série de problèmes | 4•3

Nom _____ date _____

Affichez la division à l'aide de disques. Reliez votre travail sur le tableau de valeur de position à une longue division. Vérifiez votre quotient et le reste en utilisant la multiplication et l'addition.

1. 7 ÷ 2

Unités

2 ⟌ 7

quotient = _____

reste = _____

Vérifie Ton Travail

3
× 2
―――

2. 27 ÷ 2

Dizaines	Unités

2 ⟌ 27

quotient = _____

reste = _____

Vérifie Ton Travail

Leçon 16 : Comprendre et résoudre les problèmes de division du dividende à deux chiffres avec un reste à la place en utilisant des disques de valeur de position.

UNE HISTOIRE D'UNITÉS   Leçon 16 Série de problèmes 4•3

3. 8 ÷ 3

Unités

3 ⟌ 8

Vérifie Ton Travail

quotient = _____

reste = _____

4. 38 ÷ 3

Dizaines	Unités

3 ⟌ 38

Vérifie Ton Travail

quotient = _____

reste = _____

Leçon 16 : Comprendre et résoudre les problèmes de division du dividende à deux chiffres avec un reste à la place en utilisant des disques de valeur de position.

UNE HISTOIRE D'UNITÉS Leçon 16 Série de problèmes 4•3

5. 6 ÷ 4

Unités

4) 6

quotient = _____

reste = _____

Vérifie Ton Travail

6. 86 ÷ 4

Dizaines	Unités

4) 86

quotient = _____

reste = _____

Vérifie Ton Travail

Leçon 16 : Comprendre et résoudre les problèmes de division du dividende à deux chiffres avec un reste à la place en utilisant des disques de valeur de position.

UNE HISTOIRE D'UNITÉS | Leçon 16 Ticket de sortie | 4•3

Nom _____ date _____

Montrez la division à l'aide de disques. Reliez votre travail sur le tableau de valeur de position à une longue division. Vérifiez votre quotient et le reste en utilisant la multiplication et l'addition.

1. 5 ÷ 3

Unités

3 ⟌ 5

quotient = _____

reste = _____

Vérifie Ton Travail

2. 65 ÷ 3

Dizaines	Unités

3 ⟌ 6 5

quotient = _____

reste = _____

Vérifie Ton Travail

Leçon 16 : Comprendre et résoudre les problèmes de division du dividende à deux chiffres avec un reste à la place en utilisant des disques de valeur de position.

103

Copyright © Great Minds PBC

dizaines	unités

graphique des valeurs de position des dizaines

Leçon 16 : Comprendre et résoudre les problèmes de division du dividende à deux chiffres avec un reste à la place en utilisant des disques de valeur de position.

Audrey et sa sœur ont trouvé 9 pièces de 10 centimes et 8 pièces de 1 centime. Si elles partagent l'argent également, combien d'argent chaque sœur recevra-t-elle ?

Lis   **Dessine**   **Écris**

Leçon 17 : Représenter et résoudre les problèmes de division nécessitant la décomposition d'un reste dans les dizaines.

UNE HISTOIRE D'UNITÉS   Leçon 17 Série de problèmes   4•3

Nom _____   date _____

Affichez la division à l'aide de disques. Associez votre modèle à une longue division. Vérifiez votre quotient et le reste en utilisant la multiplication et l'addition.

1. 5 ÷ 2

Unités

2 ⟌ 5

Vérifie Ton Travail

    2
× 2
―――

quotient = _____

reste = _____

2. 50 ÷ 2

Dizaines	Unités

2 ⟌ 5 0

Vérifie Ton Travail

quotient = _____

reste = _____

Leçon 17 : Représenter et résoudre les problèmes de division nécessitant la décomposition d'un reste dans les dizaines.

109

3. 7 ÷ 3

Unités

3 ⟌ 7

quotient = _____

reste = _____

Vérifie Ton Travail

4. 75 ÷ 3

Dizaines	Unités

3 ⟌ 7 5

quotient = _____

reste = _____

Vérifie Ton Travail

UNE HISTOIRE D'UNITÉS — Leçon 17 Série de problèmes 4•3

5. 9 ÷ 4

Unités

4 ⟌ 9

quotient = _____

reste = _____

Vérifie Ton Travail

6. 92 ÷ 4

Dizaines	Unités

4 ⟌ 9 2

quotient = _____

reste = _____

Vérifie Ton Travail

Leçon 17 : Représenter et résoudre les problèmes de division nécessitant la décomposition d'un reste dans les dizaines.

UNE HISTOIRE D'UNITÉS

Leçon 17 Ticket de sortie 4•3

Nom _____ date _____

Affichez la division à l'aide de disques. Associez votre modèle à une longue division. Vérifiez votre quotient en utilisant la multiplication et l'addition.

1. 5 ÷ 4

Unités

   4 ⟌ 5

   Vérifie Ton Travail

   quotient = _____

   reste = _____

2. 56 ÷ 4

Dizaines	Unités

   4 ⟌ 5 6

   Vérifie Ton Travail

   quotient = _____

   reste = _____

Leçon 17 : Représenter et résoudre les problèmes de division nécessitant la décomposition d'un reste dans les dizaines.

| UNE HISTOIRE D'UNITÉS | Leçon 18 Problème d'application | 4•3 |

La famille de Malory va acheter des oranges. Le Grand Marché vend des oranges à 1,5 kilogrammes pour 87 cents. Combien coûtent 50 grammes d'oranges au Grand Marché ?

_____

_____

_____

_____

Lis   **Dessine**   **Écris**

Leçon 18 :   Trouvez des quotients de nombres entiers et des restes.

Nom _____ date _____

Résolvez en utilisant l'algorithme standard. Vérifiez votre quotient et le reste en utilisant la multiplication et l'addition.

1. 46 ÷ 2

2. 96 ÷ 3

3. 85 ÷ 5

4. 52 ÷ 4

5. 53 ÷ 3

6. 95 ÷ 4

Leçon 18 : Trouvez des quotients de nombres entiers et des restes.

7. 89 ÷ 6

8. 96 ÷ 6

9. 60 ÷ 3

10. 60 ÷ 4

11. 95 ÷ 8

12. 95 ÷ 7

Nom _____ date _____

Résolvez en utilisant l'algorithme standard. Vérifiez votre quotient et le reste en utilisant la multiplication et l'addition.

1. 93 ÷ 7

2. 99 ÷ 8

UNE HISTOIRE D'UNITÉS

Leçon 19 Problème d'application 4•3

Deux amis créent une entreprise en écrivant et en vendant des bandes dessinées. Après 1 mois, ils ont gagné 34 €. Montrez comment ils peuvent partager leurs revenus équitablement, en utilisant des factures de 1 €, 4 €, 9 € et 18 €.

Lis   Dessine   Écris

Leçon 19 : Expliquez les restes en utilisant la compréhension et les modèles de la valeur de position.

Nom _____ date _____

1. Lorsque vous divisez 94 par 3, il reste 1. Modélisez ce problème avec des disques de valeur de position. Dans le modèle de disque de valeur de position, comment avez-vous montré le reste ?

2. Cayman dit que 94 ÷ 3 fait 30 avec un reste de 4. Il pense que c'est correct parce que (3 × 30) + 4 = 94. Quelle erreur Cayman a-t-il commise ? Expliquez comment il peut corriger son travail.

Leçon 19 : Expliquez les restes en utilisant la compréhension et les modèles de la valeur de position.

3. Le modèle de disque de valeur de position affiche 72 ÷ 3. Complétez le modèle. Expliquez ce qui arrive à la dizaine qui reste dans la colonne des dizaines.

4. Deux amis partagent également 50 €.

   a. Ils ont 5 billets de dix dollars. Faites un dessin pour montrer comment les factures seront partagées. Devront-ils faire des changements à tout moment ?

   b. Expliquez comment ils partagent également l'argent.

5. Imaginez que vous filmez une vidéo expliquant le problème 45 ÷ 3 aux nouveaux élèves de quatrième année. Créez un script pour expliquer comment vous pouvez continuer à diviser après avoir obtenu un reste de 1 dizaine dans la première étape.

Nom _____ date _____

1. L'album photo de Molly contient un total de 97 photos. Chaque page de l'album contient 6 photos. Combien de pages Molly peut-elle remplir ? Restera-t-il des photos ? Si oui, combien ? Utilisez des disques de valeur de position pour résoudre.

2. L'album photo de Marti compte 45 photos au total. Chaque page contient 4 photos. Elle a dit qu'elle ne pouvait remplir que 10 pages complètement. Êtes-vous d'accord ? Expliquez pourquoi ou pourquoi pas.

Leçon 19 : Expliquez les restes en utilisant la compréhension et les modèles de la valeur de position.

UNE HISTOIRE D'UNITÉS — Leçon 20 Problème d'application 4•3

Écrivez une expression pour trouver la longueur inconnue de chaque rectangle. Ensuite, trouvez la somme des deux longueurs inconnues.

a. 4 cm | 40 cm carré | 8 cm carré

b. 4 cm | 80 cm carré | 16 cm carré

Lis   Dessine   Écris

Leçon 20 : Résolvez les problèmes de division sans restes en utilisant le modèle d'aire.

Nom _____   date _____

1. Alfonso a résolu un problème de division en dessinant un modèle d'aire.

    a. Regardez le modèle d'aire. Quel problème de division Alfonso a-t-il résolu ?

    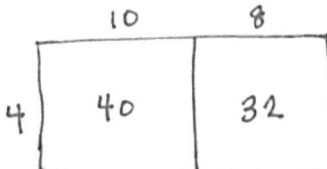

    b. Montrez une liaison numérique pour représenter le modèle d'aire d'Alfonso. Commencez par le total, puis montrez comment le total est divisé en deux parties. Sous les deux parties, représentez la longueur totale à l'aide de la propriété distributive, puis résolvez.

    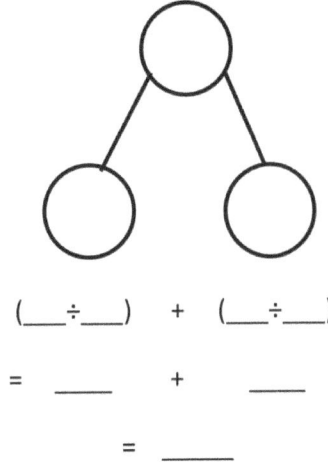

    (___÷___) + (___÷___)

    = ____ + ____

    = ____

2. Résolvez 45 ÷ 3 à l'aide d'un modèle d'aire. Dessinez une liaison numérique et utilisez la propriété distributive pour résoudre la longueur inconnue.

3. Résolvez 64 ÷ 4 à l'aide d'un modèle d'aire. Dessinez un lien numérique pour montrer comment vous avez divisé l'aire et représentez la division avec une méthode écrite.

4. Résolvez 92 ÷ 4 à l'aide d'un modèle d'aire. Expliquez, à l'aide de mots, d'images ou de nombres, la connexion de la propriété distributive au modèle d'aire.

5. Résolvez 72 ÷ 6 en utilisant un modèle d'aire et l'algorithme standard.

Nom _____   date _____

1. Tony a dessiné le modèle d'aire suivant pour trouver une longueur inconnue. Quelle équation de division a-t-il modélisée ?

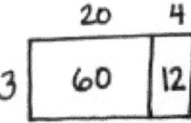

2. Résolvez 42 ÷ 3 en utilisant le modèle d'aire, une liaison numérique et une méthode écrite.

Un rectangle a une superficie de 36 unités carrées et une largeur de 2 unités. Quelle est la longueur de côté inconnue ?

Lis   Dessine   Écris

Nom _____   date _____

1. Résolvez 37 ÷ 2 à l'aide d'un modèle d'aire. Utilisez la division longue et la propriété distributive pour enregistrer votre travail.

2. Résolvez 76 ÷ 3 à l'aide d'un modèle d'aire. Utilisez la division longue et la propriété distributive pour enregistrer votre travail.

3. Carolina a résolu le problème de division suivant en dessinant un modèle d'aire.

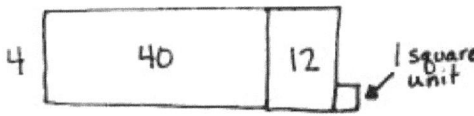

   a. Quel problème de division a-t-elle résolu ?

   b. Montrez comment le modèle de Carolina peut être représenté à l'aide de la propriété distributive.

Résolvez les problèmes suivants à l'aide du modèle d'aire. Soutenez le modèle d'aire avec une longue division ou la propriété distributive.

4. 48 ÷ 3

5. 49 ÷ 3

6. 56 ÷ 4

7. 58 ÷ 4

8. 66 ÷ 5

9. 79 ÷ 3

10. Soixante-treize élèves sont répartis en groupes de 6 élèves. Combien de groupes de 6 élèves y a-t-il ? Combien d'élèves ne seront pas dans un groupe de 6 ?

Nom _____ date _____

1. Kyle a dessiné le modèle d'aire suivant pour trouver une longueur inconnue. Quelle équation de division a-t-il modélisée ?

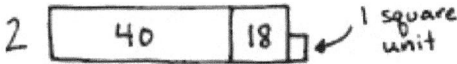

2. Résolvez 93 ÷ 4 en utilisant le modèle d'aire, la division longue et la propriété distributive.

Leçon 21 : Résoudre les problèmes de division avec des restes en utilisant le modèle d'aire.

8 × ___ = 96. Trouvez la longueur ou le facteur de côté inconnu. Utilisez un modèle d'aire pour résoudre le problème.

Lis **Dessine** **Écris**

Nom _____ date _____

1. Enregistrez les facteurs des nombres donnés sous forme de phrases de multiplication et sous forme de liste, du plus petit au plus grand. Classez-les comme premier (P) ou composite (C). Le premier problème est fait pour vous.

	Phrases de multiplication	Les facteurs	P ou C
a.	4 $1 \times 4 = 4$ $2 \times 2 = 4$	Les facteurs de 4 sont : 1, 2, 4	C
b.	6	Les facteurs de 6 sont :	
c.	7	Les facteurs de 7 sont :	
d.	9	Les facteurs de 9 sont :	
e.	12	Les facteurs de 12 sont :	
f.	13	Les facteurs de 13 sont :	
g.	15	Les facteurs de 15 sont :	
h.	16	Les facteurs de 16 sont :	
i.	18	Les facteurs de 18 sont :	
j.	19	Les facteurs de 19 sont :	
k.	21	Les facteurs de 21 sont :	
l.	24	Les facteurs de 24 sont :	

Leçon 22 : Trouvez des paires de facteurs pour les nombres jusqu'à 100 et utilisez la compréhension des facteurs pour définir prime et composite.

2. Trouvez tous les facteurs pour les nombres suivants et classifiez chaque nombre comme premier ou composite. Expliquez pourquoi vous les avez classés comme premier ou composite.

Paires de Facteur pour 25	

Paires de Facteur pour 28	

Paires de Facteur pour 29	

3. Bryan dit que tous les nombres premiers sont des nombres impairs.

    a. Énumérez tous les nombres premiers de moins de 20 dans l'ordre numérique.

    b. Utilisez votre liste pour montrer que l'affirmation de Bryan est fausse.

4. Sheila a 28 autocollants à partager de manière égale entre 3 amis. Elle pense qu'il n'en restera aucun. Utilisez ce que vous savez sur les paires de facteurs pour expliquer si Sheila a raison.

UNE HISTOIRE D'UNITÉS Leçon 22 Ticket de sortie 4•3

Nom _____   date _____

Enregistrez les facteurs des nombres donnés sous forme de phrases de multiplication et sous forme de liste, du plus petit au plus grand. Classez-les comme premier (P) ou composite (C).

	Phrases de multiplication	Les facteurs	Premier (P) ou Composite (C)
a.	9	Les facteurs de 9 sont :	
b.	12	Les facteurs de 12 sont :	
c.	19	Les facteurs de 19 sont :	

Leçon 22 : Trouvez des paires de facteurs pour les nombres jusqu'à 100 et utilisez la compréhension des facteurs pour définir prime et composite.

Sasha dit que chaque nombre dans la vingtaine est un nombre composite car 2 est pair. Amanda dit qu'il y a deux nombres premiers dans la vingtaine. Qui a raison ? Comment le sais-tu ?

_____

_____

_____

Lis   Dessine   Écris

Nom _____ date _____

1. Expliquez votre pensée ou utilisez la division pour répondre aux questions suivantes.

a. 2 est-il un facteur de 84 ?	b. 2 est-il un facteur de 83 ?
c. 3 est-il un facteur de 84 ?	d. 2 est-il un facteur de 92 ?
e. 6 est-il un facteur de 84 ?	f. 4 est-il un facteur de 92 ?
g. 5 est-il un facteur de 84 ?	h. 8 est-il un facteur de 92 ?

Leçon 23 : Utilisez la division et la propriété associative pour tester les facteurs et observer les modèles.

2. Utilisez la propriété associative pour trouver plus de facteurs de 24 et 36.

   a. 24 = 12 × 2

       = (___ × 3) × 2

       = ___ × (3 × 2)

       = ___ × 6

       = ___

   b. 36 = ___ × 4

       = (___ × 3) × 4

       = ___ × (3 × 4)

       = ___ × 12

       = ___

3. En classe, nous avons utilisé la propriété associative pour montrer que lorsque 6 est un facteur, alors 2 et 3 sont des facteurs, car 6 = 2 × 3. Utilisez le fait que 8 = 4 × 2 pour montrer que 2 et 4 sont des facteurs de 56, 72 et 80.

   $$56 = 8 \times 7 \qquad 72 = 8 \times 9 \qquad 80 = 8 \times 10$$

4. La première affirmation est fausse. La deuxième affirmation est vraie. Expliquez pourquoi en utilisant des mots, des images ou des nombres.

   Si un nombre a 2 et 4 comme facteurs, alors il a 8 comme facteur.
   Si un nombre a 8 comme facteur, alors 2 et 4 sont des facteurs.

Nom _____ date _____

1. Expliquez votre pensée ou utilisez la division pour répondre aux questions suivantes.

a. 2 est-il un facteur de 34 ?	b. 3 est-il un facteur de 34 ?
c. 4 est-il un facteur de 72 ?	d. 3 est-il un facteur de 72 ?

2. Utilisez la propriété associative pour expliquer pourquoi la déclaration suivante est vraie.
   Tout nombre qui a 9 comme facteur a également 3 comme facteur.

Leçon 23 : Utilisez la division et la propriété associative pour tester les facteurs et observer les modèles.

UNE HISTOIRE D'UNITÉS | Leçon 24 Problème d'application | 4•3

8 cm × 12 cm = 96 centimètres carrés. Imaginez un rectangle d'une aire de 96 centimètres carrés et d'une longueur de côté de 4 centimètres. Quelle est la longueur de son côté inconnu ? À quoi ressemblera-t-il par rapport au rectangle de 8 centimètres par 12 centimètres ? Dessinez et marquez les deux rectangles.

_____
_____
_____
_____

Lis   Dessine   Écris

Leçon 24 : Déterminez si un nombre entier est un multiple d'un autre nombre.   155

Nom _____   date _____

1. Pour chacun des éléments suivants, chronométrez-vous pendant 1 minute. Voyez combien de multiples vous pouvez écrire.

   a. Écrivez les multiples de 5 à partir de 100.

   b. Écrivez les multiples de 4 à partir de 20.

   c. Écrivez les multiples de 6 à partir de 36.

2. Énumérez les nombres qui ont 24 comme multiple.

3. Utilisez les mathématiques mentales, la division ou la propriété associative pour résoudre. (Utilisez du papier à gratter si vous le souhaitez.)

   a. 12 est-il un multiple de 4 ? _____   4 est-il un facteur de 12 ? _____

   b. 42 est-il un multiple de 8 ? _____   8 est-il un facteur de 42 ? _____

   c. 84 est-il un multiple de 6 ? _____   6 est-il un facteur de 84 ? _____

4. Un nombre premier peut-il être un multiple d'un autre nombre que lui-même ? Expliquez pourquoi ou pourquoi pas.

Leçon 24 : Déterminez si un nombre entier est un multiple d'un autre nombre.

5. Suivez les instructions ci-dessous.

1	2	3	4	5	6	7	8	9	10
11	12	13	14	15	16	17	18	19	20
21	22	23	24	25	26	27	28	29	30
31	32	33	34	35	36	37	38	39	40
41	42	43	44	45	46	47	48	49	50
51	52	53	54	55	56	57	58	59	60
61	62	63	64	65	66	67	68	69	70
71	72	73	74	75	76	77	78	79	80
81	82	83	84	85	86	87	88	89	90
91	92	93	94	95	96	97	98	99	100

a. Entourez en rouge les multiples de 2. Lorsqu'un nombre est un multiple de 2, quelles sont les valeurs possibles pour les chiffres ?

b. Ombrez en vert les multiples de 3. Choisissez-en un. Que remarquez-vous sur la somme des chiffres ? Choisissez-en un autre. Que remarquez-vous sur la somme des chiffres ?

c. Encerclez en bleu les multiples de 5. Lorsqu'un nombre est un multiple de 5, quelles sont les valeurs possibles pour le chiffre unités ?

d. Dessinez un X sur les multiples de 10. Quel chiffre tous les multiples de 10 ont-ils en commun ?

Leçon 24 : Déterminez si un nombre entier est un multiple d'un autre nombre.

Nom _____ date _____

1. Remplissez les multiples inconnus de 11.

    5 × 11 = _____

    6 × 11 = _____

    7 × 11 = _____

    8 × 11 = _____

    9 × 11 = _____

2. Complétez le modèle de multiples en comptant les sauts.

    7, 14 _____, 28 _____, _____, _____, _____, _____,

3. a. Énumérez les nombres qui ont 18 comme multiple.

   b. Quels sont les facteurs de 18 ?

   c. Vos deux listes sont-elles les mêmes ? Pourquoi ou pourquoi pas ?

Nom _____ date _____

1. Suivez les instructions

   Ombrez le chiffre 1 en rouge.

   a. Entourez le premier numéro non marqué.

   b. Rayez tous les multiples de ce nombre sauf celui que vous avez encerclé. S'il est déjà rayé, sautez-le.

   c. Répétez les étapes (a) et (b) jusqu'à ce que chaque nombre soit entouré ou barré.

   d. Ombrez chaque chiffre barré en orange.

1	2	3	4	5	6	7	8	9	10
11	12	13	14	15	16	17	18	19	20
21	22	23	24	25	26	27	28	29	30
31	32	33	34	35	36	37	38	39	40
41	42	43	44	45	46	47	48	49	50
51	52	53	54	55	56	57	58	59	60
61	62	63	64	65	66	67	68	69	70
71	72	73	74	75	76	77	78	79	80
81	82	83	84	85	86	87	88	89	90
91	92	93	94	95	96	97	98	99	100

Leçon 25 : Explorez les propriétés des nombres premiers et composites jusqu'à 100 en utilisant multiples.

2. a. Énumérez les nombres encerclés.

   b. Pourquoi les nombres encerclés n'ont-ils pas été barrés en cours de route ?

   c. À l'exception du chiffre 1, qu'en est-il de tous les chiffres qui ont été rayés ?

   d. Quelle est la similitude de tous les chiffres qui ont été encerclés ?

UNE HISTOIRE D'UNITÉS   Leçon 25 Ticket de sortie   4•3

Nom _____   date _____

Utilisez le calendrier ci-dessous pour effectuer les opérations suivantes :

1. Rayez tous les nombres composites.

2. Entourez tous les nombres premiers.

3. Énumérez tous les numéros restants.

dimanche	Lundi	Mardi	Mercredi	Jeudi	Vendredi	samedi
					1	2
3	4	5	6	7	8	9
10	11	12	13	14	15	16
17	18	19	20	21	22	23
24	25	26	27	28	29	30
31						

Leçon 25 :   Explorez les propriétés des nombres premiers et composites jusqu'à 100 en utilisant multiples.

UNE HISTOIRE D'UNITÉS — Leçon 26 Problème d'application 4•3

Un café utilise des tasses de 227 grammes pour préparer toutes ses boissons au café. En une semaine, ils ont servi 30 tasses d'expresso, 400 lattes et 5 000 tasses de café. Combien de grammes de boissons au café ont-ils fabriqués au cours de cette semaine ?

Lis   **Dessine**   **Écris**

Leçon 26 : Divisez les multiples de 10, 100 et 1 000 par des nombres à un chiffre.

Nom _____   Date _____

1. Dessinez des disques de valeur de position pour représenter les problèmes suivants. Réécrivez chacun sous forme d'unité et résolvez.

   a. 6 ÷ 2 = _____   ①①① ①①①

      6 unités ÷ 2 = _____ unités

   b. 60 ÷ 2 = _____

      6 dizaines ÷ 2 = _____

   c. 600 ÷ 2 = _____

      _____ ÷ 2 = _____

   d. 6 000 ÷ 2 = _____

      _____ ÷ 2 = _____

2. Dessinez des disques de valeur de position pour représenter chaque problème. Réécrivez chacun sous forme d'unité et résolvez.

   a. 12 ÷ 3 = _____

      12 unités ÷ 3 = _____ unités

   b. 120 ÷ 3 = _____

      _____ ÷ 3 = _____

   c. 1.200 ÷ 3 = _____

      _____ ÷ 3 = _____

Leçon 26 : Divisez les multiples de 10, 100 et 1 000 par des nombres à un chiffre.

3. Résolvez pour le quotient. Réécrivez chacun sous forme d'unité.

a. 800 ÷ 2 = 400 8 centaines ÷ 2 = 4 centaines	b. 600 ÷ 2 = _____	c. 800 ÷ 4 = _____	d. 900 ÷ 3 = _____
e. 300 ÷ 6 = _____ 30 dizaines ÷ 6 = ___ dizaines	f. 240 ÷ 4 = _____	g. 450 ÷ 5 = _____	h. 200 ÷ 5 = _____
i. 3.600 ÷ 4 = _____ 36 centaines ÷ 4 = _____ centaines	j. 2.400 ÷ 4 = _____	k. 2.400 ÷ 3 = _____	l. 4 000 ÷ 5 = _____

4. Du sable pèse 2 800 kilogrammes. Il est divisé de manière égale en 4 camions. Combien de kilogrammes de sable se trouvent dans chaque camion ?

Leçon 26 : Divisez les multiples de 10, 100 et 1 000 par des nombres à un chiffre.

5. Ivy a 5 fois plus d'autocollants qu'Adrian. Ivy a 350 autocollants. Combien d'autocollants possède Adrian ?

6. Un stand de crème glacée a vendu 1 425 € de crème glacée samedi, soit 4 fois le montant vendu vendredi. Combien d'argent le stand de crème glacée a-t-il collecté vendredi ?

Nom _____   Date _____

1. Résolvez pour le quotient. Réécrivez chacun sous forme d'unité.

a. 600 ÷ 3 = 200 6 centaines ÷ 3 = ____ centaines	b. 1.200 ÷ 6 = _____	c. 2.100 ÷ 7 = _____	d. 3.200 ÷ 8 = _____

2. Hudson et 7 de ses amis ont trouvé un sac de sous. Il y avait 320 sous, qu'ils ont partagé de manière égale. Combien de sous chaque personne a-t-elle obtenus ?

unités	
dizaines	
centaines	
milliers	

des milliers de valeurs placées pour diviser

Leçon 26 : Divisez les multiples de 10, 100 et 1 000 par des nombres à un chiffre.

Leçon 27 Problème d'application 4•3

Emma prend 57 autocollants de sa collection et les répartit également entre 4 de ses amis. Combien d'autocollants chaque ami recevra-t-il ? Emma remet les autocollants restants dans sa collection. Combien d'autocollants Emma remettra-t-elle dans sa collection ?

Lis   **Dessine**   **Écris**

Leçon 27 : Représenter et résoudre les problèmes de division avec jusqu'à trois chiffres dividende numériquement et avec des disques de valeur de position nécessitant décomposer un reste à la place des centaines.

Nom _____   Date _____

1. Divisez. Utilisez des disques de valeur de position pour modéliser chaque problème.

   a. $324 \div 2$

   b. $344 \div 2$

Leçon 27 : Représenter et résoudre les problèmes de division avec jusqu'à trois chiffres dividende numériquement et avec des disques de valeur de position nécessitant décomposer un reste à la place des centaines.

c. 483 ÷ 3

d. 549 ÷ 3

2. Modélisez à l'aide de disques de valeur de position et enregistrez à l'aide de l'algorithme.

a. 655 ÷ 5
   Disques   Algorithme

b. 726 ÷ 3
   Disques   Algorithme

c. 688 ÷ 4
   Disques   Algorithme

Nom _____ Date _____

Divisez. Utilisez des disques de valeur de position pour modéliser chaque problème. Ensuite, résolvez en utilisant l'algorithme.

1. 423 ÷ 3

   Disques   Algorithme

2. 564 ÷ 4

   Disques   Algorithme

Utilisez 846 ÷ 2 pour écrire un problème de mots. Ensuite, dessinez un diagramme à bandes d'accompagnement et résolvez.

Lis **Dessine** **Écris**

Leçon 28 : Représenter et résoudre la division des dividendes à trois chiffres avec des diviseurs de 2, 3, 4 et 5 numériquement.

UNE HISTOIRE D'UNITÉS | Leçon 28 Série de problèmes 4•3

Nom _____ Date _____

1. Divisez. Vérifiez votre travail en multipliant. Dessinez les disques sur un graphique de valeur de position selon les besoins.

   a. $574 \div 2$

   b. $861 \div 3$

   c. $354 \div 2$

Leçon 28 : Représenter et résoudre la division des dividendes à trois chiffres avec des diviseurs de 2, 3, 4 et 5 numériquement.

185

d. 354 ÷ 3

e. 873 ÷ 4

f. 591 ÷ 5

g. $275 \div 3$	
h. $459 \div 5$	
i. $678 \div 4$	

Leçon 28 : Représenter et résoudre la division des dividendes à trois chiffres avec des diviseurs de 2, 3, 4 et 5 numériquement.

j. 955 ÷ 4

2. Zach a rempli 581 bouteilles d'un litre de cidre de pomme. Il a distribué les bouteilles dans 4 magasins. Chaque magasin a reçu le même nombre de bouteilles. Combien de bouteilles d'un litre chacun des magasins a-t-il reçues ? Restait-il des bouteilles ? Si oui, combien ?

Nom _____ Date _____

1. Divisez. Vérifiez votre travail en multipliant. Dessinez les disques sur un graphique de valeur de position selon les besoins.

   a. 776 ÷ 2

   b. 596 ÷ 3

2. Un carton de lait contient 128 onces. Le fils de Sara boit 4 onces de lait à chaque repas. Combien de portions de 4 onces seront contenues dans un carton de lait ?

Leçon 29 Problème d'application 4•3

Janet utilise 4 pieds de ruban pour décorer chaque oreiller. Le ruban est livré en rouleaux de 225 pieds. Combien d'oreillers pourra-t-elle décorer avec un rouleau de ruban ? Restera-t-il un ruban ?

Lis   Dessine   Écris

Nom _____   Date _____

1. Divisez, puis vérifiez en utilisant la multiplication.

a. 1 672 ÷ 4

b. 1.578 ÷ 4

c. 6,948 ÷ 2

Leçon 29 : Représente la division numérique des dividendes à quatre chiffres avec des diviseurs de 2, 3, 4 et 5, décomposant un reste jusqu'à trois fois.

d. 8 949 ÷ 4

e. 7,569 ÷ 2

f. 7,569 ÷ 3

g. 7,955 ÷ 5

h. 7,574 ÷ 5

i. 7,469 ÷ 3

Leçon 29 : Représente la division numérique des dividendes à quatre chiffres avec des diviseurs de 2, 3, 4 et 5, décomposant un reste jusqu'à trois fois.

j. 9,956 ÷ 4

2. Il y a deux fois plus de vaches que de chèvres dans une ferme. Toutes les vaches et chèvres ont un total de 1 116 pattes. Combien de chèvres y a-t-il ?

Nom _____ Date _____

1. Divisez, puis vérifiez en utilisant la multiplication.

a. 1,773 ÷ 3	b. 8,472 ÷ 5

2. Le bureau de poste avait un nombre égal de chacun des 4 types de timbres. Il y avait un total de 1 784 timbres. Combien de chaque type de timbre possédait le bureau de poste ?

Leçon 29 : Représente la division numérique des dividendes à quatre chiffres avec des diviseurs de 2, 3, 4 et 5, décomposant un reste jusqu'à trois fois.

| UNE HISTOIRE D'UNITÉS | Leçon 30 Problème d'application | 4•3 |

Le magasin voulait mettre 1 455 bouteilles de jus par packs de 4. Combien de packs complets peuvent-ils fabriquer ? De combien de bouteilles supplémentaires ont-ils besoin pour fabriquer un autre pack ?

Lis   **Dessine**   **Écris**

Leçon 30 : Résoudre les problèmes de division avec un zéro dans le dividende ou avec un zéro dans le quotient.

Nom _____ Date _____

Divisez. Vérifiez vos solutions en multipliant.

1. 204 ÷ 4

2. 704 ÷ 3

3. 627 ÷ 3

4. 407 ÷ 2

5. 760 ÷ 4

6. 5,120 ÷ 4

7. 3 070 ÷ 5

8. 6 706 ÷ 5

9. 8,313 ÷ 4

10. 9,008 ÷ 3

11. a. Trouvez le quotient et le reste pour 3 131 ÷ 3.

b. Comment pourriez-vous changer le chiffre à la place du tout pour qu'il n'y ait plus de reste ? Expliquez comment vous avez trouvé votre réponse.

Nom _____ Date _____

Divisez. Vérifiez vos solutions en multipliant.

1. 380 ÷ 4

2. 7,040 ÷ 3

Leçon 30 : Résoudre les problèmes de division avec un zéro dans le dividende ou avec un zéro dans le quotient.

1 624 chemises doivent être triées en 4 groupes égaux. Combien de chemises seront dans chaque groupe ?

Lis   Dessine   Écris

Nom _____ Date _____

Dessinez un diagramme à bande et résolvez. Les deux premiers diagrammes ont été dessinés pour vous. Identifiez si la taille du groupe ou le nombre de groupes est inconnu.

1. Monique a besoin de 4 assiettes exactement sur chaque table pour le banquet. Si elle a 312 assiettes, combien de tables peut-elle préparer ?

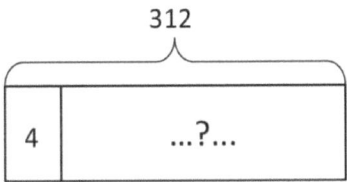

2. 2 365 livres ont été donnés à une école primaire. Si 5 classes ont partagé les livres de manière égale, combien de livres chaque classe a-t-elle reçus ?

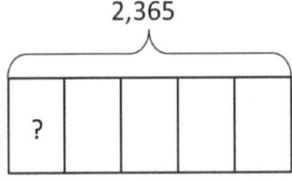

3. Si 1 503 kilogrammes de riz ont été emballés dans des sacs pesant chacun 3 kilogrammes, combien de sacs ont été emballés ?

4. Rita a fait 5 lots de cookies. Il y avait au total 2 400 cookies. Si chaque lot contenait le même nombre de cookies, combien de cookies contenaient 4 lots ?

5. Chaque jour, Sarah parcourt la même distance pour se rendre au travail et à la maison. Si Sarah a parcouru 1 005 milles en 5 jours, combien de milles a-t-elle parcourus en 3 jours ?

Nom _____ Date _____

Résolvez les problèmes suivants. Dessinez des diagrammes de bande pour vous aider à résoudre. Identifiez si la taille du groupe ou le nombre de groupes est inconnu.

1. 572 voitures étaient garées dans un parking couvert. Le même nombre de voitures était garé à chaque étage. S'il y avait 4 étages, combien de voitures étaient garées à chaque étage?

2. 356 kilogrammes de farine ont été emballés dans des sacs pouvant contenir chacun 2 kilogrammes. Combien de sacs ont été emballés ?

Leçon 31 : Interpréter les problèmes de mots de division comme *nombre* de groupes *inconnue* ou *taille du groupe inconnue*.

Utilisez le diagramme à bandes pour créer un problème de mot de division qui résout l'inconnu, le nombre total de trois dans 4 194.

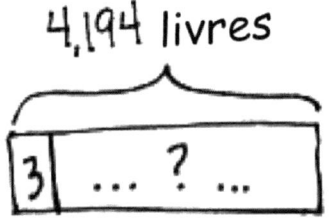

Lis   **Dessine**   **Écris**

Nom _____ Date _____

Résolvez les problèmes suivants. Dessinez des diagrammes de bande pour vous aider à résoudre. S'il y a un reste, ombrez une petite partie du diagramme pour représenter cette partie de l'ensemble.

1. Une salle de concert contient 8 sections de sièges avec le même nombre de sièges dans chaque section. S'il y a 248 sièges, combien y a-t-il de sièges dans chaque section ?

2. En une journée, la boulangerie a fabriqué 719 bagels. Les bagels ont été divisés en 9 envois égaux. Quelques bagels ont été laissés et remis au boulanger. Combien de bagels le boulanger a-t-il reçus ?

3. La confiserie a 614 bonbons. Ils ont emballé les bonbons dans des sacs avec 7 bonbons dans chaque sac. Combien de sacs de bonbons ont-ils remplis ? Combien de bonbons restaient-ils ?

4. Il y avait 904 enfants inscrits à la course de relais. S'il y avait 6 enfants dans chaque équipe, combien d'équipes ont été constituées ? Les autres enfants ont servi d'arbitres. Combien d'enfants ont servi d'arbitres ?

5. 1 188 kilogrammes de riz sont divisés en 7 sacs. Combien de kilogrammes de riz contiennent 6 sacs de riz ? Combien de kilogrammes de riz restent-ils ?

UNE HISTOIRE D'UNITÉS

Leçon 32 Ticket de sortie 4•3

Nom _____ Date _____

Résolvez les problèmes suivants. Dessinez des diagrammes de bande pour vous aider à résoudre. S'il y a un reste, ombrez une petite partie du diagramme pour représenter cette partie de l'ensemble.

1. M. Foote a besoin d'exactement 6 dossiers pour chaque élève de quatrième année à Hoover Elementary School. Si il acheté 726 dossiers, à combien d'élèves peut-il fournir des dossiers ?

2. Mme Terrance a un grand bac de 236 crayons de couleur. Elle les répartit de manière égale dans quatre boîtes. Combien de crayons de couleur Mme Terrance a-t-elle dans chaque boîte ?

Leçon 32 : Interpréter et trouver des quotients de nombres entiers et des restes à résoudre problèmes de mots de division en une étape avec des diviseurs plus grands de 6, 7, 8 et 9.

Copyright © Great Minds PBC

Écrivez une équation pour trouver la longueur inconnue de chaque rectangle. Ensuite, trouvez la somme des deux longueurs inconnues.

3 m | 600 m carré | 3 m | 72 m carré

Lis   Dessine   Écris

Nom _____ Date _____

1. Ursula a résolu le problème de division suivant en dessinant un modèle d'aire.

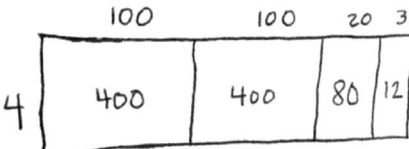

   a. Quel problème de division a-t-elle résolu ?

   b. Affichez une liaison numérique pour représenter le modèle d'aire d'Ursula et représentez la longueur totale à l'aide de la propriété distributive.

2. a. Résolvez 960 ÷ 4 en utilisant le modèle d'aire. Il n'y a pas de reste dans ce problème.

   b. Dessinez une liaison numérique et utilisez l'algorithme de division longue pour enregistrer votre travail à partir de la partie (a).

3. a. Dessinez un modèle d'aire pour résoudre 774 ÷ 3.

   b. Dessinez un lien numérique pour représenter ce problème.

   c. Enregistrez votre travail en utilisant l'algorithme de division longue.

4. a. Tracez un modèle d'aire pour résoudre 1 584 ÷ 2.

   b. Dessinez un lien numérique pour représenter ce problème.

   c. Enregistrez votre travail en utilisant l'algorithme de division longue.

Nom _____ Date _____

1. Anna a résolu le problème de division suivant en dessinant un modèle d'aire.

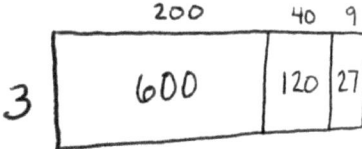

   a. Quel problème de division a-t-elle résolu ?

   b. Affichez une liaison numérique pour représenter le modèle d'aire d'Anna et représentez la longueur totale à l'aide de la propriété distributive.

2. a. Tracez un modèle d'aire pour résoudre 1 368 ÷ 2.

   b. Dessinez un lien numérique pour représenter ce problème.

   c. Enregistrez votre travail en utilisant l'algorithme de division longue.

Leçon 33 : Expliquer la connexion du modèle de division d'aire au long algorithme de division pour les dividendes à trois et quatre chiffres.

UNE HISTOIRE D'UNITÉS | Leçon 34 Problème d'application | 4•3

M. Goggins a planté 10 rangs de haricots, 10 rangs de courges, 10 rangs de tomates et 10 rangs de concombres dans son jardin. Il a mis 22 plantes dans chaque rang. Dessinez un modèle d'aire, marquez chaque partie, puis écrivez une expression qui représente le nombre total de plantes dans le jardin.

Lis   **Dessine**   **Écris**

Leçon 34 : Multipliez les multiples à deux chiffres de 10 par des nombres à deux chiffres à l'aide d'un tableau de valeur de position.

UNE HISTOIRE D'UNITÉS

Leçon 34 Série de problèmes 4•3

Nom _____ Date _____

1. Utilisez la propriété associative pour réécrire chaque expression. Résolvez à l'aide de disques, puis effectuez les phrases numériques.

    a. 30 × 24

    = (____ × 10) × 24

    = ____ × (10 × 24)

    = _____

centaines	dizaines	unités

    b. 40 × 43

    = (4 × 10) × _____

    = 4 × (10 × ____)

    = _____

milliers	centaines	dizaines	unités

    c. 30 × 37

    = (3 × ____) × _____

    = 3 × (10 × _____)

    = _____

milliers	centaines	dizaines	unités

Leçon 34 : Multipliez les multiples à deux chiffres de 10 par des nombres à deux chiffres à l'aide d'un tableau de valeur de position.

227

2. Utilisez la propriété associative et les disques de valeur de position pour résoudre.
   a. 20 × 27

   b. 40 × 31

3. Utilisez la propriété associative sans disques de valeur de position pour résoudre.
   a. 40 × 34
   b. 50 × 43

4. Utilisez la propriété distributive pour résoudre les problèmes suivants. Distribuez le deuxième facteur.
   a. 40 × 34
   b. 60 × 25

Nom _____ Date _____

1. Utilisez la propriété associative pour réécrire chaque expression. Résolvez à l'aide de disques, puis complétez les phrases numériques.

    20 × 41

    ___ × ___ × ___ = ___

centaines	dizaines	unités

2. Distribuez 32 comme 30 + 2 et résolvez.

    60 × 32

Leçon 34 : Multipliez les multiples à deux chiffres de 10 par des nombres à deux chiffres à l'aide d'un tableau de valeur de position.

Pendant 30 jours sur un mois, Katie a fait du sport pendant 25 minutes par jour. Quel est le nombre total de minutes pendant lesquelles Katie a fait du sport ? Résolvez en utilisant le tableau des valeur de position.

milliers	centaines	dizaines	unités

_____

_____

_____

Lis   **Dessine**   **Écris**

Leçon 35 : Multipliez les multiples à deux chiffres de 10 par des nombres à deux chiffres en utilisant le modèle d'aire.

UNE HISTOIRE D'UNITÉS   Leçon 35 Série de problèmes 4•3

Nom _____   Date _____

Utilisez un modèle d'aire pour représenter les expressions suivantes. Ensuite, enregistrez les produits partiels et résolvez.

1. 20 × 22

```
    2 2
  ×  2 0
  _____

+ _____
  =======
```

2. 50 × 41

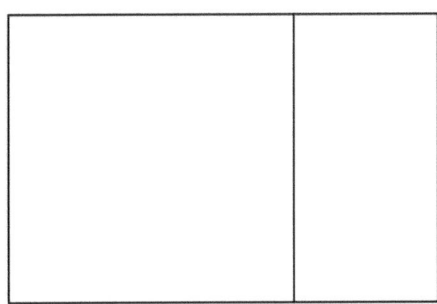

```
    4 1
  ×  5 0
  _____

+ _____
  =======
```

3. 60 × 73

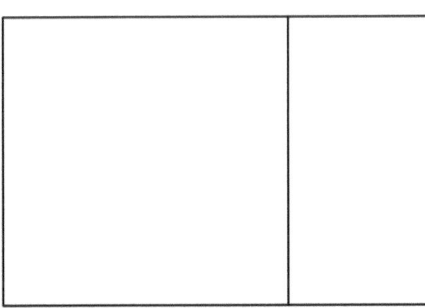

```
    7 3
  ×  6 0
  _____

+ _____
  =======
```

Leçon 35 : Multipliez les multiples à deux chiffres de 10 par des nombres à deux chiffres en utilisant le modèle d'aire.

233

Dessinez un modèle d'aire pour représenter les expressions suivantes. Ensuite, enregistrez les produits partiels verticalement et résolvez.

4. 80 × 32

5. 70 × 54

Visualisez le modèle d'aire et résolvez numériquement les expressions suivantes.

6. 30 × 68

7. 60 × 34

8. 40 × 55

9. 80 × 55

Nom _____ Date _____

Utilisez un modèle d'aire pour représenter les expressions suivantes. Ensuite, enregistrez les produits partiels et résolvez.

1. 30 × 93

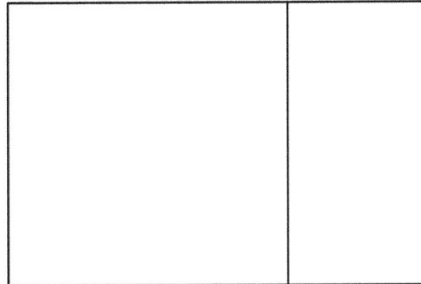

```
    9 3
×   3 0
  _____
  _____
+ _____
  ══════
```

2. 40 × 76

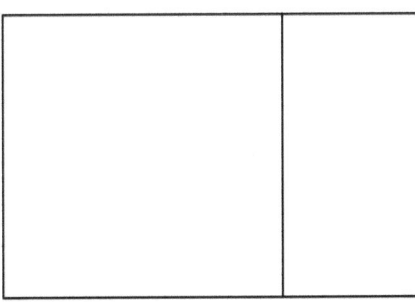

```
    7 6
×   4 0
  _____
  _____
+ _____
  ══════
```

M. Goggins a installé 30 rangées de chaises dans le gymnase. Si chaque rangée comptait 35 chaises, combien de chaises M. Goggins a-t-il installées ? Dessinez un modèle d'aire pour représenter et aider à résoudre ce problème.

Lis **Dessine** **Écris**

Nom _____ Date _____

1. a. Dans chacun des deux modèles illustrés ci-dessous, écrivez les expressions qui déterminent l'aire de chacun des quatre petits rectangles.

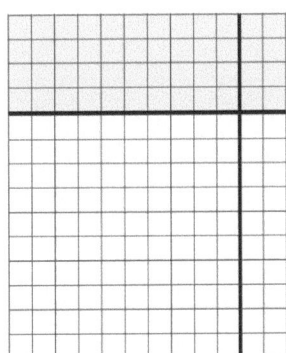 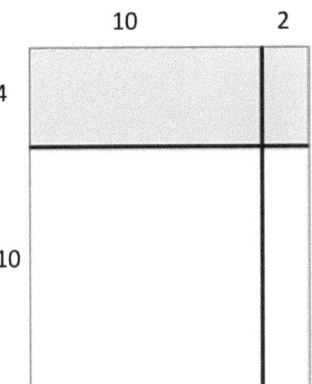

   b. À l'aide de la propriété distributive, réécrivez l'aire du grand rectangle comme la somme des aires des quatre petits rectangles. Exprimez d'abord sous forme numérique, puis lisez sous forme unitaire.

   14 × 12 = (4 × ____) + (4 × ____) + (10 × ____) + (10 × ____)

2. Utilisez un modèle d'aire pour représenter l'expression suivante. Enregistrez les produits partiels et résolvez.

   14 × 22

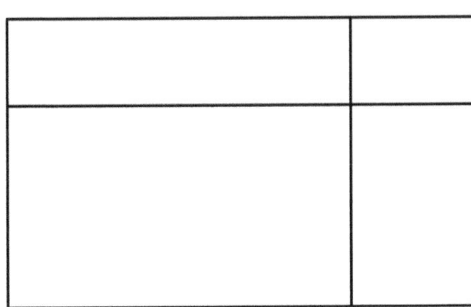

```
      2 2
  ×   1 4
  _____
  _____
  _____
  _____
+ _____
```

Leçon 36 : Multipliez les nombres à deux chiffres par deux chiffres en utilisant quatre produits partiels.

Dessinez un modèle d'aire pour représenter les expressions suivantes. Enregistrez les produits partiels verticalement et résolvez.

3. 25 × 32

4. 35 × 42

Visualisez le modèle d'aire et résolvez numériquement les éléments suivants à l'aide de quatre produits partiels. (Vous pouvez esquisser un modèle d'aire si cela vous aide.)

5. 42 × 11

6. 46 × 11

Nom _____ Date _____

Enregistrez les produits partiels à résoudre.

Dessinez d'abord un modèle d'aire pour appuyer votre travail, ou dessinez le modèle d'aire en dernier pour vérifier votre travail.

1. 26 × 43

2. 17 × 55

Leçon 36 : Multipliez les nombres à deux chiffres par deux chiffres en utilisant quatre produits partiels.

UNE HISTOIRE D'UNITÉS   Leçon 37 Problème d'application   4•3

L'enseignante de Sylvie a mis la classe au défi de dessiner un modèle d'aire pour représenter l'expression 24 × 56 puis à résoudre en utilisant des produits partiels. Sylvie a résolu l'expression comme indiqué ci-dessous. Sa réponse est-elle correcte ? Pourquoi ou pourquoi pas ?

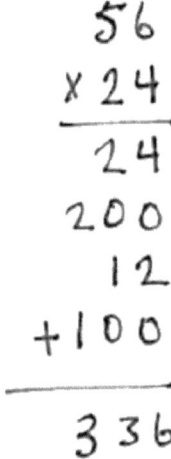
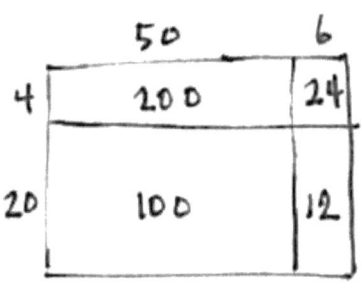

Lis   Dessine   Écris

Leçon 37 :   Transition de quatre produits partiels vers l'algorithme standard pour une multiplication à deux chiffres par deux chiffres.

UNE HISTOIRE D'UNITÉS

Leçon 37 Série de problèmes 4•3

Nom _____ Date _____

1. Résolvez 14 × 12 en utilisant 4 produits partiels et 2 produits partiels. N'oubliez pas de penser en termes d'unités lorsque vous résolvez. Écrivez une expression pour trouver l'aire de chaque petit rectangle dans le modèle d'aire.

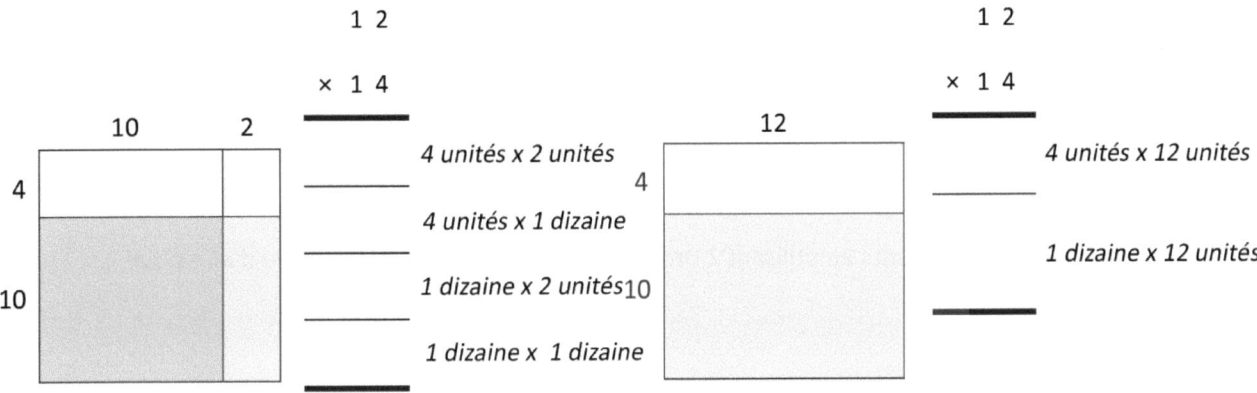

2. Résolvez 32 × 43 utilisant 4 produits partiels et 2 produits partiels. Faites correspondre chaque produit partiel à son aire sur les modèles. N'oubliez pas de penser en termes d'unités lorsque vous résolvez.

Leçon 37 : Transition de quatre produits partiels vers l'algorithme standard pour une multiplication à deux chiffres par deux chiffres.

245

UNE HISTOIRE D'UNITÉS   Leçon 37 Série de problèmes 4•3

3. Résolvez 57 × 15 en utilisant 2 produits partiels. Faites correspondre chaque produit partiel à son rectangle sur le modèle d'aire.

4. Résolvez les problèmes suivants en utilisant 2 produits partiels. Visualisez le modèle d'aire pour vous aider.

a. 2 5
  × 4 6
  ———

  ____ × ____
  ————

  ____ × ____
  ————

b. 1 8
  × 6 2
  ———

  ____ × ____
  ————

  ____ × ____
  ————

c. 3 9
  × 4 6
  ———

d. 7 8
  × 2 3
  ———

UNE HISTOIRE D'UNITÉS Leçon 37 Ticket de sortie 4•3

Nom _____ Date _____

1. Résolvez 43 × 22 en utilisant 4 produits partiels et 2 produits partiels. N'oubliez pas de penser en termes d'unités lorsque vous résolvez. Écrivez une expression pour trouver l'aire de chaque petit rectangle dans le modèle d'aire.

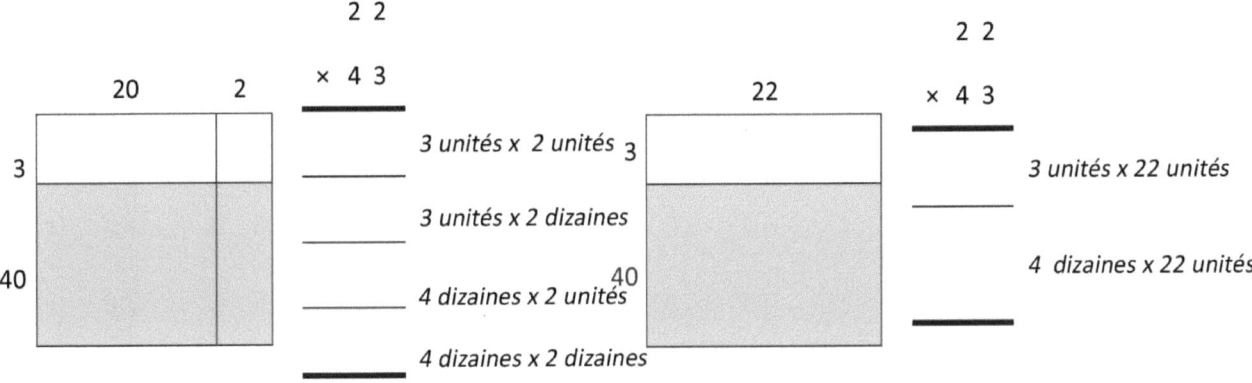

2. Résolvez les problèmes suivants en utilisant 2 produits partiels.

```
      6 4
   ×  1 5
   _____
            5 unités x 64 unités
   _____
            1 dizaine x 64 unités
   _____
```

Leçon 37 : Transition de quatre produits partiels vers l'algorithme standard pour une multiplication à deux chiffres par deux chiffres.

247

Le jardin de Sandy a 42 plantes dans chaque rang. Elle a 2 rangs de maïs jaune et 20 rangs de maïs blanc. Dessinez un modèle d'aire (représentant deux produits partiels) pour montrer combien de maïs jaune et de maïs blanc ont été plantés dans le jardin.

Lis   Dessine   Écris

UNE HISTOIRE D'UNITÉS

Leçon 38 Série de problèmes 4•3

Nom _____ Date _____

1. Exprimez 23 × 54 comme deux produits partiels en utilisant la propriété distributive. Résolvez.

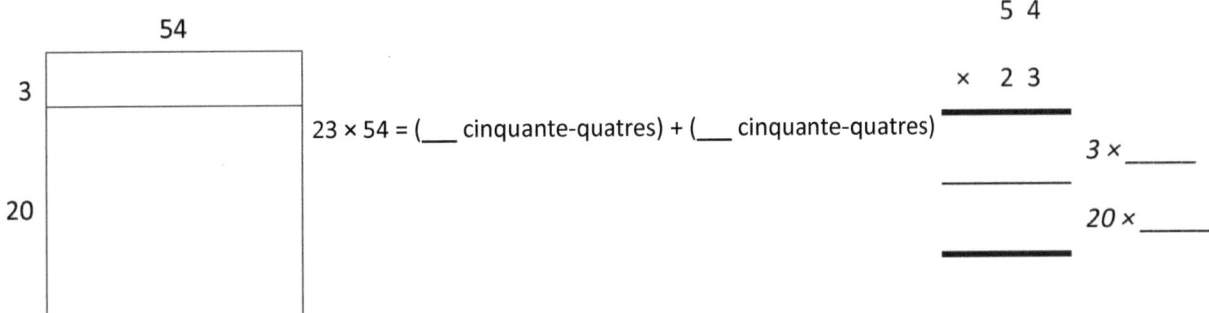

23 × 54 = (___ cinquante-quatres) + (___ cinquante-quatres)

```
    5 4
  ×  2 3
  ───────

         3 × _____
  ───────
        20 × _____
  ═══════
```

2. Exprimez 46 × 54 comme deux produits partiels en utilisant la propriété distributive. Résolvez.

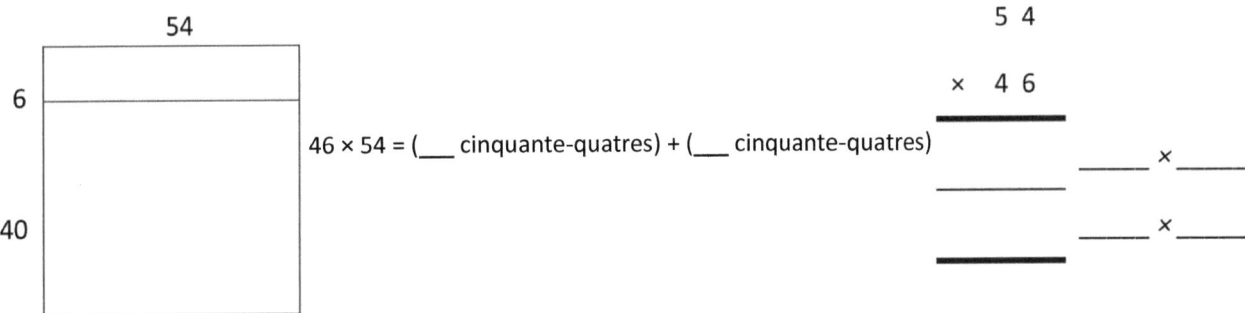

46 × 54 = (___ cinquante-quatres) + (___ cinquante-quatres)

```
    5 4
  ×  4 6
  ───────

       _____ × _____
  ───────
       _____ × _____
  ═══════
```

3. Exprimez 55 × 47 comme deux produits partiels en utilisant la propriété distributive. Résolvez.

55 × 47 = (×   ) + (×   )

```
    4 7
  ×  5 5
  ───────

       _____ × _____
  ───────
       _____ × _____
  ═══════
```

Leçon 38 : Transition de quatre produits partiels vers l'algorithme standard pour une multiplication à deux chiffres par deux chiffres.

Copyright © Great Minds PBC

4. Résolvez les problèmes suivants en utilisant 2 produits partiels.

```
      5 8
  ×   4 5
  ─────────
  ─────────   ____ × ____

              ____ × ____
  ─────────
```

5. Résolvez en utilisant l'algorithme de multiplication.

```
      8 2
  ×   5 5
  ─────────
  ─────────   ____ × ____

              ____ × ____
  ─────────
```

6. 53 × 63

7. 84 × 73

UNE HISTOIRE D'UNITÉS   Leçon 38 Ticket de sortie   4•3

Nom _____   Date _____

Résolvez en utilisant l'algorithme de multiplication.

1.

$$\begin{array}{r} 7\,2 \\ \times \;\; 4\,3 \\ \hline \end{array}$$

____ × ____

____ × ____

2. 35 × 53

Leçon 38 :   Transition de quatre produits partiels vers l'algorithme standard pour une multiplication à deux chiffres par deux chiffres.

Crédits

Great Minds® a fait tout son possible pour obtenir l'autorisation de réimprimer tout le matériel protégé par des droits d'auteur. Si un propriétaire de la documentation protégée par des droits d'auteur n'est pas mentionné dans le présent document, veuillez contacter Great Minds pour qu'il soit dûment mentionné dans toutes les éditions et réimpressions futures de ce module.

Printed by Libri Plureos GmbH in Hamburg, Germany